汉竹编著·健康爱家系列

厨房花式排毒餐

熊苗 / 主编

汉竹图书微博
http://weibo.com/hanzhutushu

江苏凤凰科学技术出版社
全国百佳图书出版单位

U0346936

导读

人每时每刻都处在“有毒”的环境中，身体也无时无刻不在排毒，但为什么有的人容光焕发、气色好、身体健康，而有的人却经常受失眠、便秘、长痘、长皱纹、肥胖等问题的困扰呢？这其中的主要原因，就在于是否“会排毒”。

“毒”是什么呢？在中医看来，我们体内有很多毒素，凡是不能及时排出体外、对我们的身体和精神产生不良作用的物质都可以称为“毒”，如瘀血、痰湿、寒气等。这些“毒”堆积在五脏之内，人就容易生病，而五脏的功能也会日渐衰退，人体就会变得越来越迟钝，逐渐衰老。

我们的身体在日积月累的生命活动中积存了很多毒素，若不注意排毒，就很容易出现上面所说的一些问题，而本书可以教会你从日常饮食中排出体内毒素，若能再加上适当的锻炼，坚持合理的生活方式，就会事半功倍。

本书首先介绍了排毒的基本常识，让读者对排毒有全面而清晰的认识，然后按照五脏排毒、清肠排毒、排毒养颜、排毒瘦身、排毒强身 5 个部分来展开，同时给出排毒的食材和菜谱，让读者用简单家常的食材，轻松排出体内毒素，拥有健康身体。

你的身体需要排毒吗

人体毒素累积，身体健康就会受到影响。
想知道自己体内有没有毒素吗？对照下面的选项，快来测一测吧。

1 肌肤粗糙、暗黄、长痘长斑，经常为此烦恼。 □

2 经常大量脱发，头发干枯、分叉。 □

3 肚腩又大又软，像游泳圈一样。 □

4 腰膝酸软、尿频、注意力不集中、容易忘事。 □

5 睡眠质量差，容易犯困，每天不能按时起床，四肢乏力。 □

6 消化不好，看见喜欢吃的东西也没有食欲，吃一点就感觉肚子发胀。 □

7 为了小事发脾气，总控制不住情绪。 □

8 便秘，经常两三天排一次便，有时候还会出血。 □

9 失眠多梦，即使睡着了也睡不踏实。 □

10 口气比较重，刷牙也无济于事。 □

11 经常外出应酬，每天饮酒超过 100 毫升。 □

12 免疫力下降，流感一来就躲不过。 □

13 经常熬夜。 □

14 女性月经量少，或经期短、颜色暗、不准时。 □

测试结果：

符合 1~3 项：身体状态良好，稍微调整作息即可。

符合 4~6 项：身体状态稍差，需要注意细节，进行简单的排毒。

符合 6 项以上：身体已经不堪重负，需要严格规范日常生活习惯，全面排毒。

一张图告诉你哪里中“毒”了

1区、2区

额头长痘、红肿时，要注意调节情绪，因为这可能是心出问题了。少吃垃圾食品、肥肉，多吃降心火的食物会令你感觉舒服一些。

3区

额头正中长痘、瘙痒，往往代表心、肝出现问题。喝酒、熬夜、压力大都会加重症状。要少吃油腻的食物，注意休息。

4区、5区

脸色灰暗、眼袋水肿、鱼尾纹加深等情况表明肾脏负担过重，要多吃一些清淡的食物，并适当补肝，多吃猪肝、豆制品等。

6区

鼻尖、鼻翼长痘，代表心火旺盛。如果鼻子出血，看起来很红，有可能是肺热所致，吃些清热化痰的食物会改善很多。

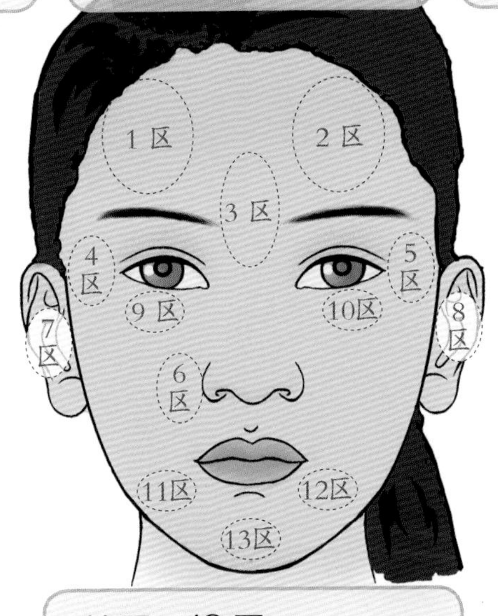

7区、8区

耳朵代表了肾的状况，耳郭呈红色或紫色说明血液循环不好。要少饮酒，少吃精细食物，多运动，促进身体血液循环。

9区、10区

脸颊发痒、红肿，可能是呼吸系统出现问题。平时多呼吸新鲜空气，吃些清咽利嗓、润肺生津的食物就可以缓解。

11区、12区

痘痘此起彼伏、出油多，这多是激素水平异常在作怪，睡眠、水、蔬菜都不能少。女性来月经时，还要注意保暖，多喝热水，综合调理肝、胃、脾，让美丽依旧。

13区

下巴长痘、瘙痒，可能是消化系统出现了问题。平时多吃一些养胃的食物，如小米、南瓜、山药等。

目录

第一章 关于“毒”，你了解多少

第二章 五脏排毒餐

肝排毒

脾排毒

肺排毒

肾排毒

第三章 清肠排毒餐

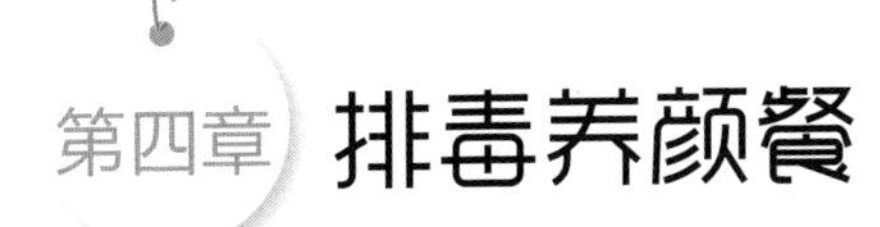

第四章 排毒养颜餐

第五章 排毒瘦身餐

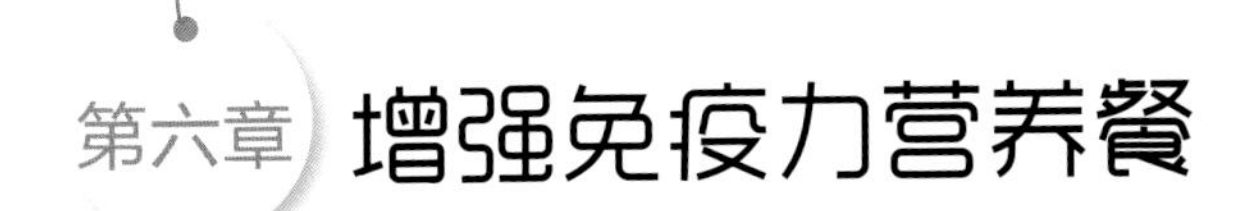

第六章 增强免疫力营养餐

第一章

关于“毒”，你了解多少

很多人知道要排毒，尤其是年轻女性，因为排毒后可以变白、变瘦、变漂亮。可是有的人排毒之后的确白了、瘦了、漂亮了，有的人却上吐下泻、身体虚脱。关于排毒，人们有太多的误解，在排毒之前，要了解足够的知识才能少走弯路，不遭罪。

毒从哪里来

“毒”隐藏在身体里，给身体带来伤害，那么体内的毒素都是从哪里来的呢？其实，很多毒素就隐藏在我们身边，食物、空气、水、药物等都存在毒素，这些毒素时刻包围着身体，侵袭着人们的健康。早了解毒素的源头，就能减少毒素的摄入。

吸入的毒

空气中的一氧化碳、碳氢化合物、二氧化硫、铅、臭氧、各种悬浮颗粒等主要污染物质，可以通过呼吸道进入人体。如今，二手烟也在慢慢侵蚀着人体健康。北方雾霾天较多，空气质量差，要注意做好防护措施，有雾霾时最好不要开窗通风。

在室内，做饭时吸入的油烟也是不可避免的毒素来源，油经过长时间、多次高温加热后，会形成丙烯醛、苯、甲醛等物质，不仅会损伤呼吸系统，对眼睛、皮肤等器官也有很多伤害。室内装修后，家具、地板等散发出的甲醛、苯等有害气体也会影响人的身体健康，故新装修的房子需开窗通风三个月到半年后再入住。

铜钱草可以净化室内空气。

渗入的毒

经常使用的日用品，如剃须膏、牙膏、肥皂、洗发液、洗衣液、指甲油、化妆品等，所含的化学物质能通过皮肤侵入身体，进而产生毒素，称为“经皮毒”。因此，使用日用品时首先要注意控制用量，尤其是那些具有浓缩、精华特点的日用品，只需使用一点点就能达到效果，既能避免毒素过度累积，还能节约用量。要经常更换日用品的种类，可以预防同一种毒素在身体内蓄积。

饮入的毒

人离不开水，水质直接影响着身体健康，饮用污染后的水会出现恶心、腹泻、呕吐、头痛等症状，因此要注意水质。如水中杂质多、煮开的水中水垢越来越多等都说明水质不好。对于生活用水，尽量煮沸后再饮用。如果家里有饮水机，至少2个月清洗1次；夏季气温较高，可调整为每月1次。酒水、饮料等加工过的饮品含有大量的酒精或糖，多饮对身体健康有害，饮用时要控制好量，不可过量饮用。

食入的毒

现在的蔬菜和水果表面容易有农药残留，所以在食用蔬菜和水果之前，最好将其放入淡盐水中浸泡几分钟，这样会安全些。食品中常见的食品添加剂给现代生活带来了便利，但如果购买的加工食品颜色过艳、味道过浓、口感异常，说明所含添加剂过多，要谨慎食用。

内生的毒

人体在新陈代谢过程中，也会不可避免地产生一些毒素，包括一氧化碳、二氧化碳、甲烷、酮体等。这些毒素若不能及时排出，就会被人体吸收，给身体造成伤害。

此外，工作压力带来的负面情绪也是一种内生毒素。随着生活节奏的加快，工作压力、生活压力的增大，抑郁、焦虑等已经成为人们常见的精神状态。这些不良情绪会导致人体免疫力下降、内分泌失调。所以平时应注意调整情绪，保持愉悦的心情。

蔬菜瓜果在食用前要注意清洗干净。

体内“有毒”时的表现

当体内毒素过多的时候，身体就会发出求救信号，提醒你需要排毒了。排毒不仅是为了身体健康，更是为了减少烦恼，让生活变得更好。所以，千万不要忽视这些信号。

便秘

便秘是生活中较常见的，也是比较容易被忽略的问题。久坐不动的人容易出现便秘，身体缺乏运动，肠道蠕动速度受到影响，身体代谢的废物长时间停留在肠道中，容易导致毒素沉积。经常便秘会引发焦虑，进而又加重便秘症状，形成恶性循环。如果排便时间过长会使括约肌控制能力下降，导致大便无法顺利排出。

便秘是由多种原因引起的，如久坐不动、不爱喝水、营养不均衡、精神压力大、情绪紧张等。所以，经常便秘的人最好去医院查明病因，再对症治疗。可以从合理饮食、改善情绪、适当运动三个方面来调理。排便变得顺畅，毒素也会随之排出体外，身体就会越来越轻松。

小便异常

小便是反映肾脏健康与否的一大标志，若出现尿频、尿痛、尿急、小便里有泡泡、小便颜色有红色或茶色、无过多饮水夜间排尿次数增多，正常饮水但没有出现排尿的情况下，说明可能肾脏出现了问题，要引起注意，及早调理身体。

经常掉头发

中医认为，“肺主皮毛”。肺之生理功能正常者，其皮肤致密，头发有光泽。若皮肤干燥、有皱纹，头发失去光泽、易脱落，很有可能是肺“中毒”的症状。在生活中要多加注意，经常修剪头发、按摩头皮，并保证良好的睡眠，在饮食方面要多吃润肺护肤的食物。

还有一些人由于压力大、经常熬夜引起大量脱发，在中医上这是肝、肾阴虚的表现。经常熬夜会加重肾的负担，过度消耗精血，容易导致脱发、精神恍惚。这时需要规范作息时间，多吃补肾食物，也要注意养肝补血。调整一些不良生活习惯，少吸烟、少喝酒，以减轻肝、肾的负担。

经常按摩头皮可以缓解头痛，减少头发脱落，改善发质。

皮肤瘙痒、长痘痘、长斑

皮肤变差，干燥、起皮、瘙痒，肤色灰暗，很有可能是毒素累积较多，无法及时排出，导致肺“中毒”。此时不仅要注意日常的肌肤清洁保养，在饮食上也要多加注意。

导致面部长痘的因素很多，不同部位长痘可能是面部对应的脏腑有毒素累积。例如，口唇附近长痘多半和脾有关，因为脾开窍于口；鼻子周围长痘，和肺有关，若鼻子出血，看起来很红，有可能是肺热所致，吃些清热化痰的食物会改善很多；额头长痘的人可能是心火旺盛所致，因为额头是心脏管辖部位，心火旺盛成为火毒时额头就会冒很多痘痘。

从中医角度看，脸上长斑多和气滞血瘀有关，排出体内的瘀毒就能缓解症状。

失眠、心慌、黑眼圈明显

导致失眠的原因有很多，比如白天喝咖啡提神，晚上睡不着；或者作息时间不规律，导致入睡困难。还有一些人心理压力比较大，喜欢在临睡前回想反思。心跳过快、过慢或跳得不整齐时均可引起心悸，即人们所说的心慌。心脏处于不停的工作中，当火毒留于心而无法排出时，睡眠就会不安稳，严重一些的，还会在睡梦中惊醒。

睡眠不足很容易导致黑眼圈出现，一般来说，保证睡眠充足就能有所缓解。如果黑眼圈越来越明显，则可能是肾“中毒”。此外肾“中毒”的另一种表现就是水肿。

肚子上有赘肉

由于饮食不节、心情抑郁、思虑过甚、劳逸失调等原因，脾脏受到损害，运化水湿功能失常，就会导致水液在体内滞留，形成赘肉，尤其是腰部、小腹。部分人群还伴有大便溏稀、腹痛绵绵、四肢冰冷、小便短少、腹胀食少等症状。

月经不调，量少、色暗、时间短

女性如果肝气郁结、血流不畅，就会影响到肝藏血的功能，从而出现月经不调，甚至是闭经。清朝名医叶天士提出“女子以肝为先天”的观点，认为肝与女子生理特性密切相关。

经血的产生和消失，都是肝功能是否旺盛的表现。如果肝脏中有很多毒素，经血量就会减少。有此症状的女性要注意，应及时到医院检查。

容易生气、烦躁

一般女性在进入更年期后，情绪会有很大的波动，这属于正常现象。但如果年轻人也出现了这种情况，就多和心、肝有关了。

心血不足的人通常会精神恍惚、注意力不集中、情绪烦躁，把心血补上来就能很好地缓解这种情况。而肝主疏泄、升发，它与人体气机的升降与调节有密切关系。肝出现问题时，气的运行就会受到阻碍，人就容易抑郁、生闷气、情绪低落和烦躁。

藏在人体中的“毒”

代谢废物、摄入不健康的物质，以及积存于体内的不良物质，都称之为“毒”。但“毒”到底是什么？其实，“毒”是对身体有害物质的统称。

宿便

宿便指尚未排出的粪便。很多人知道宿便，都是因为铺天盖地的广告宣传。客观地讲，与其说是宿便，不如说是便秘。便秘是人们熟知的症状。有些人便秘时还伴有失眠、烦躁、多梦、抑郁等情况，这些情况可以通过食疗缓解，但出现便血、贫血、消瘦、发热、黑便、腹痛等情况，应该去医院就诊，不能轻视。

尿酸

尿酸是人体代谢的产物，由小便排出。如果尿酸含量过高，或者排便不畅，就会沉积在人体软组织或关节中，引发炎症。平时要注意多喝水，少食海鲜，少饮酒，可减少尿酸的生成。

自由基

体内的自由基过量是造成人体衰老的主要原因之一。身体内自由基过多时会产生很强的氧化作用，造成衰老、皮肤生黑斑、过敏及心血管疾病。消除自由基的有效方法就是多吃抗氧化的食物，如猕猴桃、西蓝花、胡萝卜、玉米、芦笋、菜花等。

胆固醇

提到胆固醇，很多人就会想到高血压、冠心病等，但胆固醇并不完全是毒素。它作为身体的必要营养，是组织细胞不可缺少的重要物质。但如果体内胆固醇过多沉积，就会危害健康，此时要少吃肉类、蛋类，多吃玉米、胡萝卜、海带等食物。

水肿

人体之所以会出现水肿，和肺、脾、肾等脏腑密切相关。除了中医所说的湿毒外，风邪袭表、疮毒内犯、饮食不节、久病劳倦等也是水肿的成因。常见的水肿类型为下肢水肿、经期水肿、孕期水肿、肾水肿，而与之相关的疾病以水肿型肥胖较为常见。

按照中医理论，水肿分为阳水和阴水。阳水是指水肿由眼睑、头部迅速遍及全身，水肿部位的皮肤紧绷光亮，按下后迅速反弹，并伴有口渴、小便赤涩、大便秘结等症状，宜宣肺解表；阴水则表现为全身水肿、大便溏稀，宜温补脾肾。

乳酸

劳动、运动后身体出现的酸痛、乏力等现象都和乳酸堆积有关。在乳酸堆积的情况下，肌肉会发生收缩，从而挤压血管，使血流不畅，造成肌肉酸痛、发冷、头痛、头重等症状。除了高质量的睡眠之外，进行一些舒展运动，多吃富含 B 族维生素的食物可缓解这些症状。

甘油三酯

甘油三酯是人体内含量最多的脂类。从甘油三酯中脱离的游离脂肪酸，是一种能够迅速用于生命活动的高效热量源。它有保持人体体温以及保护身体免受外来袭击的缓冲功能。但如果甘油三酯过量，囤积于皮下时就会使身体肥胖，囤积于血管壁时则会造成动脉硬化，囤积于心脏时就会导致心脏肥大，囤积于肝脏时则会导致脂肪肝。

黏稠的血液

在医学上，血液黏稠被称为高黏血症，经常摄入高糖和高脂肪食物的人群，容易导致血液黏稠。血液黏稠可引起血液淤滞、循环不畅、供氧不足，进而导致头昏脑涨、胸闷气短、神疲乏力等症状。

精神毒素

在长期加班、面临考试等情况下，压力过大、抑郁、纠结、闹心等情绪成为人们常见不良精神状态。长期处于不良情绪中，会造成免疫力下降、内分泌失调、新陈代谢失常等症状。要消除不良情绪等精神毒素，除了进行精神上的自我调节以外，常吃一些五谷杂粮、蔬菜水果，少吃油腻、刺激性食物，也有一定帮助。

食用香菇可以有效促使体内的垃圾和毒素排出体外，起到净化血液、降血脂的作用。

你犯过的排毒错误

排毒的方法有很多，排毒食物也有多种，但如果排毒的方法不对，不仅不能排毒，还可能导致不良后果。要清除体内毒素，就要了解排毒的误区，根据个人的体质和生活习惯，选择适合自己的排毒方法，才能事半功倍。

排毒就是腹泻

日常生活中，有些人一旦出现排泄不畅或便秘的情况，便会焦虑不安，认为自己是由于上火而引起身体生理功能失调。于是就购买泻药、凉茶来喝，或者通过其他方法来达到腹泻的目的，以求“降火”，从而快速解决便秘问题。然而，虽然排出了宿便，但是人为干预造成的腹泻会刺激胃肠道，导致肠道内菌群失衡，从而影响胃肠的消化功能。

泻药、凉茶大多寒凉，易损伤人体正气和“真火”，尤其是脾胃虚寒和虚证肺热的人群更不宜服用。所以，吃泻药或喝凉茶排毒并非明智之举，多吃新鲜的水果和蔬菜，少吃刺激性食物，平时多运动，才是排毒的正确选择。

排毒就得服用药物

有些人希望通过药物及快捷的方式来进行排毒，并且觉得药物更有效。但事实上“是药三分毒”，而且排毒药物中大多有大黄、白术、荷叶等大泄之物，为苦寒之药，不适合大量服用，易导致胃肠功能紊乱。其实，排毒完全可以通过调节饮食、改变生活习惯来实现。

足贴能排毒

足疗在我国有悠久的历史，包括热水足浴法、足部按摩法和中药足疗法，但足贴没有相关的古籍记载，也不在足疗的范畴中。

足贴的作用原理类似于膏药，但成分不同。膏药是用中药开结行滞以达药效，而足贴中的成分是粉末，消费者并不能直接断定其成分来源。所以，在选择的时候，最好慎重一些。

是药三分毒，服用药物来排毒的方法不可取。

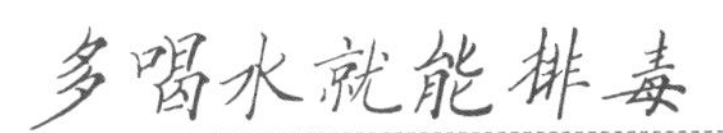

多喝水就能排毒

我们经常听到“感冒了多喝水、运动时多喝水、坐在电脑前多喝水”这样的话。多喝水可以排出体内毒素，已成为人们的共识。

毋庸置疑，水参与人体新陈代谢，具有调节体内酸碱平衡、维持体温等作用。然而，如果过量饮水，会令血液中的钠元素过多地排出体外，导致血液中的盐分越来越少，细胞过多吸收水分，造成细胞水肿，引起身体其他功能紊乱，“水中毒”由此产生，可能还会出现头晕眼花、无精打采、心悸等症状。因此，喝水排毒也要注意适量，一般来说，成年人每天合理的饮水量为1500~2000毫升。

喝水要小口小口地喝，否则会加速尿液形成。

随时随地都可以排毒

尽管几乎每个人都需要排毒，但是一些特殊时期，比如青少年时期、孕期、哺乳期以及非常疲劳时都不适合排毒，否则可能会产生恶心、腹泻等症状。此外，排毒也要视个人情况而定，如可清热降火的寒性蔬菜、水果不适合脾胃虚寒者食用。所以排毒时一定要根据自己的身体状况，选择适合自己的排毒时间和排毒方法。

健康有效的排毒方法

现代人身材越来越胖，皮肤越来越不好，这都是毒素惹的祸。日常排毒需要简单易行的方法，下面这些方法是较容易实施的，大家可根据个人情况选择适合自己的排毒方法。

饮食排毒法

饮食排毒是比较简单且较为流行的排毒方法，吃吃喝喝就能排毒，也比较符合现代人养生的观念。饮食排毒除了要注意饮食卫生、食品安全外，还可以采用素食、生食等排毒方法。

素食排毒法

素食排毒是近年来比较流行的饮食排毒法，这和素食排毒的众多好处是分不开的。素食排毒减少脂肪、蛋白质的摄入，有利于减肥。而且素食中只含有少量的胆固醇，这样就使饮食中胆固醇的摄入量大大降低，心脑血管疾病的发病概率也会随之降低，有益于身体健康。但素食排毒也有很大的缺陷，即素食中普遍缺乏维生素 B_{12}，而且素食中的钙、锌等微量元素含量也很少，所以，在坚持素食排毒时，也要注意营养均衡。

生食排毒法

生食排毒是指通过吃能够生食的蔬果，来达到排毒的目的。食物在经过高温加热后，会流失部分营养，而生食可以最大限度地保留食物中所含的营养，而且生食简单易行，方便操作。生食排毒法能从源头上控制油脂、盐等的摄入，减轻身体代谢的负担，缓解体内压力，是较好的排毒方法。但生食并不适合所有人，也并不是所有的蔬果都适合生吃。脾胃虚寒或者有胃肠疾病的人，应吃温热的软食物，不适合生食；而很多食物在没有经过加热时，不容易被消化，其营养也不容易被吸收，如胡萝卜、红薯、南瓜、玉米等。此外，一些根茎类食物，如茭白、菱角、荸荠等，可能会有寄生虫，也不宜生食。

生食蔬果能最大限度地保留所含营养，且热量低，是减肥人士的最爱。

流汗排毒法

流汗是机体排出体内废物的一种方式，让身体排汗最健康的方法就是运动。正常情况下，儿童和青少年每天要保证60分钟以上的中等强度运动；成年人每周要保证150分钟以上的中等强度运动；老年人除了要保证每周150分钟中等强度运动外，还要加强平衡、防跌倒能力和肌肉力量的锻炼，更有助于健康。

中等强度的运动是指运动中，心率明显加快，身体微微出汗，呼吸略微有些喘，但是还能保持流畅说话的状态，快走、跳舞、慢跑等都能达到这种状态。

运动到微微出汗即可。

利尿排毒法

尿液中含有大量机体无法吸收的氮、磷、钾等成分，通过食物调节以及补充水分等方式，增加尿液的排放，有助于排出体内积存的毒素。可以尝试吃一些有利尿功效的食物，如冬瓜、红豆、薏米、梨、西瓜等。饮食也应以清淡为主，注意增加维生素含量较高的食物的摄入，少吃油腻、重口味以及辛辣刺激的食物。

精神排毒法

紧张、焦虑、烦闷等不良情绪严重影响了现代人的生活质量和健康，不利于身体保持良好的代谢状态。现代人工作、生活压力大，经常产生精神压力，需要及时缓解，以避免身体产生更多的毒素。

压力大的人要找到压力的来源，认清危害，然后根据轻重缓急分等级，各个击破；心情抑郁时多与他人交流，也可通过外出旅行、购物、品尝美食等来缓解；焦虑、失眠的人要减少思考时间，多发现生活中的乐趣，学着去欣赏他人，或阅读经典文学作品；精神疲惫的人则要放慢生活节奏，劳逸结合，睡前多听轻音乐。

看书、听音乐可以缓解精神压力，利于排毒。

运动排毒法

热爱运动的人都有这样的感受：运动之后浑身舒服，感觉自己的身体比往常更轻快，人也觉得精神。通过运动，身体的免疫力提高了，气血运行通畅了，毒素自然被排出体外。运动时容易出汗，身体内的部分废物也随汗液被代谢出去。同时，运动后往往要补充水分，水分的摄入可促进排便，而排便也有利于毒素排出体外。

通便排毒法

通便排毒是大家较为熟知的排毒方法，主要是通过缓解便秘来排肠毒。通便排毒的方法有很多，通过饮食调节以及服用药物，甚至是灌肠等方法，都可以达到排便的目的。服用药物、灌肠等促进排便的方法，对胃肠有一定的刺激，同时也会破坏肠道内菌群的平衡，经常这样做对身体健康不利。较好的方式是通过饮食调节来促进排便。在饮食上多吃蔬菜、水果，并可以运用一些技巧，如在两餐之间吃1个苹果等，都可以改善便秘，促进排便。便秘时多吃些可溶性膳食纤维含量高的食物，对加快排便、排出体内毒素、保持肠道健康大有裨益。

经常按摩腹部，可以促进肠道蠕动，帮助通便排毒。

轻断食排毒法

研究发现，轻断食也有助于排毒。研究者发现，按照每周轻断食1天的规律，体重、BMI（即体重指数）、体脂率、腰围都有所降低，平常应酬较多，以及肥胖的人可以试试轻断食排毒法。

什么是轻断食

轻断食是指通过轻微程度的断食来达到保持体内能量平衡的做法，一般是在1周内选择1天或2天来进行轻断食。轻断食期间只能摄入大约600千卡（2511.5千焦）的热量，食物主要以新鲜的蔬菜、水果和优质蛋白质为主，如鸡蛋、水煮鸡胸肉配青菜、苹果等。在1周的其他时间里，可以保持原来的饮食习惯。

研究者发现，通过这样简单的轻断食方法，可以大大改善身体新陈代谢，减轻机体代谢负担，有助于将毒素排出体外。在轻断食开始实施的几个星期，实施者会发现很难忍住1天没有吃饱的状态，但是一般到断食日的第2天就会感觉身体非常轻松。不过，断食排毒时间不宜过长，建议控制在1~3天。如果超过3天，则需要循序渐进，慢慢减少食物的量，然后再慢慢恢复正常。

此外，轻断食排毒法也不适合每一个人。平时饮食比较油腻，经常大鱼大肉的人，以及身体肥胖、腰围较粗，或者有“三高”者，可以试试此方法。如果生活中本来吃得就不多，或者已有肉、蛋、奶摄入不足的情况，身体表现出怕冷、消化不良等症状，尽量不要用轻断食排毒法。

常见轻断食排毒法推荐

不同人群要根据自己的身体状况和工作状态，采取不同程度的轻断食方式。常见的轻断食排毒法可参考下表。刚开始尝试轻断食时，可以采取不完全断食法，即停止进食时可以适量饮水，或喝生菜汁、西梅汁、番茄汁等低糖果蔬汁，也可以适当进食些天然坚果、红莓、蓝莓等健康零食，这些零食含丰富的维生素、不饱和脂肪酸等，有利于促进新陈代谢。另外，苹果泥含有丰富的果胶和酶，能够有效清洁消化道、排除毒素、控制及调节体重。

常见断食排毒法

名称	时间及频率	具体操作
一日断食法	每次1天，每月2次	在1天之内，只饮白开水或柠檬水
周末断食法	每周2天，每月1次	在周六、周日进行排毒，食物以清粥、蔬菜为主，总量应是平时的50%~70%
牛奶断食法	每次1~3天，每月1次	断食期间只喝牛奶，可根据自己的需求选择牛奶
果蔬汁断食法	每次1~3天，每月1次	断食期间只喝果蔬汁，可供选择的蔬菜和水果较多，如芹菜、黄瓜、胡萝卜、苹果、草莓等

五脏排毒餐

五脏即心、肝、脾、肺、肾五个脏器的合称。五脏的主要生理功能是生化和储藏精、气、血、津液和神，故又名五神脏。精、气、神是人体生命活动的根本。如果五脏有了毒素，就会加速五脏的衰老，而由五脏濡养的皮肤、筋骨、肌肉、神经也就跟着一起衰老。所以要想少生病、延缓衰老，就要给五脏排排毒。

五脏排毒推荐食材

人体就像一辆精密的汽车，五脏是汽车重要的核心部件，只有五脏健康，人体这辆汽车才能跑得又快又远。因此，呵护人体五脏是非常重要的，在日常饮食中加入一些食材就能更好地保护五脏，现在就来看看吧。

火龙果

火龙果含有植物性蛋白质，能与人体内的重金属离子结合，通过排泄系统排出体外，因此可以保养心脏。

排毒关键词：排出重金属，预防贫血。

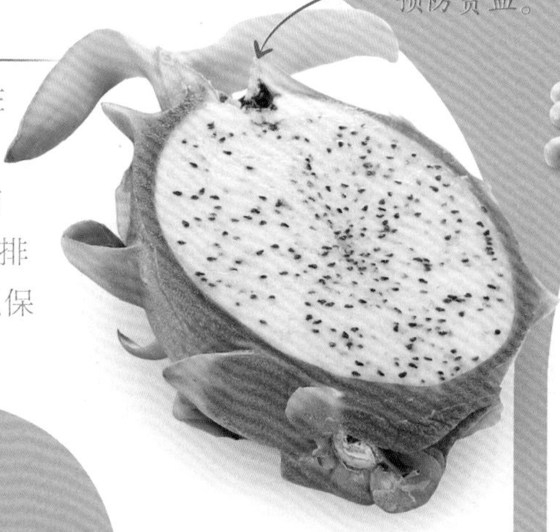

火龙果富含铁，可改善缺铁性贫血。

黄豆

排毒关键词：健脾益气。

黄豆中富含皂角苷、蛋白酶抑制剂、异黄酮等成分，可预防“三高”，对糖尿病也有一定疗效。

黑豆

黑豆有解毒利尿、祛风除热、调中下气的功效，多吃黑豆可以保养肾脏，能缓解因肾虚造成的腰酸、腰痛等症状，还能乌发、明目。

排毒关键词：补肾抗衰。

排毒关键词：
助肝脏排毒。

银耳

银耳味甘、淡，性平，无毒，富含天然植物性胶质，具有滋阴的作用，可益气清肠、滋阴润肺、补益肺气。

排毒关键词：
滋阴润肺。

西蓝花

西蓝花的防癌效果较好，这主要归功于其中含有的硫代葡萄糖苷，长期食用可以预防乳腺癌、直肠癌及胃癌等癌症的发生，同时可以助肝脏排毒。

紫甘蓝

紫甘蓝富含胡萝卜素和维生素E，它们是很好的抗氧化剂，能够保护身体免受自由基的损伤，对胃溃疡及十二指肠溃疡有一定的食疗效果。

排毒关键词：
降血压、预防肥胖。

五色食物养五脏

黄色养脾
绿色养肝
红色养心
白色养肺
黑色养肾

在五脏之中，心属火，依靠阳气的和煦升腾，滋养身体各部位，蕴藏生机。

心到底有多重要？中医认为，心主血脉。心脏的功能正常，人体气血才会充足，全身各脏腑才能获得充足的营养。当毒素入侵心脏，就容易导致气血运行无力。

伤心坏习惯，你占几个

心是人体中的“君主之官”、五脏之首、神明所在、生命主宰，它是如此重要，却很容易受到损害。然而这些比较常见的损害，大多时候人们并不会注意到。

1

过度劳累

引起过度劳累的原因有两个方面：一是体力劳动负担过重，时间过长，或过大的体育运动量，超出了身体所能承受和支持的限度，得不到应有的休息以恢复体力，以致积劳成疾；二是由于身体虚弱，或病后元气未复，就开始高强度体力活动，以致身体难以支持而积劳成疾。

《黄帝内经·灵枢·口问》曰：“心者，五脏六腑之主也，故悲哀忧愁则心动，心动则五脏六腑皆摇。”同样是五脏养生，心神应该静养，肝气需要通畅。在日常生活中，肝气情绪可以宣泄释放，而心神则绝不能过于劳累。因此，人们在工作时要适当调整自己的节奏，保持身心愉悦，经常运动，适当休息。

2

过度受凉

心为阳脏，五行中属火，且主血脉，血液的运行与流通，无不依赖于心阳的温煦、心气的推动，所以中医认为，对心构成最大威胁的是六淫中的阴寒之邪。古书记载，“寒主收引”“天寒日阴，则人血凝泣”。各种寒冷刺激会让机体血管产生不同程度的收缩与痉挛，引发人体组织缺血、缺氧，不利于健康。

人们在冬春季节的保暖意识较强，但在夏天时就会变弱。长时间吹空调也会让身体过度受凉。因此，无论冬夏都要注意保暖。

3

经常大汗淋漓

《黄帝内经·素问·宣明五气》认为："五脏化液，心为汗。"著名医学家张景岳指出，"心之所藏，在内者为血，发于外者为汗，汗者心之液也"。人体出汗量过多，超过了津液和血液的生理代偿限度，就会耗伤津血。运行和控摄汗液排泄的动力是人的阳气，大汗淋漓会造成气随汗脱、阳气外泄，导致气血两伤、心失所养、神明不安，易出现头晕眼花、心悸气短、神疲乏力、失眠、尿少等症状。大汗淋漓伤的是津血，泄的是阳气。

4

过度的精神刺激

《范进中举》的故事就是典型的精神受到过度刺激，导致身体吃不消的例子。得知自己中举的时候，范进"往后一跤跌倒，牙关咬紧，不省人事"，这是典型的喜极而疯的例子。人的精神状态，在五脏中与心脏的关系最为密切。没有节制的喜悦、愤怒等情绪会给人带来强烈的刺激，如心率加快、血压升高、呼吸急促，严重时甚至会出现休克、昏厥等危险状况。人的神志宜收、宜藏，在日常生活中要善于调整自己的情绪，避免情绪波动过大。

心需要排毒的9个信号，你知道吗

想要身体健康、气血充足，就要做好心排毒。此部分介绍了心需要排毒的几种表现以及缓解方法，快来测试一下吧。

心需要排毒的表现

舌头有溃疡

可吃些苦味的食物，以消除心火。苦味食物主要有蔬菜和野菜，如苦瓜、芹菜等

舌头发红，舌苔不明显

这种表现代表**心有虚火。**有此种症状就**不应该再吃苦味食物了**

舌苔厚，发黄

这种表现是心有实火。心有实火者可以多吃一些苦味食物，因为**苦味食物能起到清凉降火的作用，**但还应考虑气候环境及个人身体情况

高热，发病迅猛

缓解方法

多因心毒所致，要多吃蔬菜和水果，不要熬夜

额头长痘

缓解方法

心火旺，额头容易长痘。**不要食用辛辣以及油腻食物**，也不要饮用浓茶、咖啡等刺激性饮料

入睡困难，睡觉时多梦

多因**心火亢盛或肝郁化火所致**，日常可用莲子心泡茶饮

常过度悲喜，情绪起伏大

此为虚火，**清心时要滋养肾水**，不可过度出汗

常感觉心悸，呼吸困难

可取心俞穴进行治疗：**用拇指或食指指腹，在心俞穴轻轻揉按数分钟。**心俞穴取穴方法：肩胛骨下角水平连线与脊柱相交处，上推2个椎体，正中线旁开2横指处

大便秘结，小便黄，容易鼻出血

此为实火，**平时可按揉劳宫穴，用拇指指腹按揉，每次1~3分钟。**劳宫穴取穴方法：握拳屈指，中指尖所指掌心处，按压有酸痛感处即是

排心毒营养餐

此菜亦可不放猪肉，做成素食，口味清淡。

白菜炖豆腐

营养与功效

- 降低体内胆固醇含量，增加血管弹性。
- 降血脂，保护血管，预防心血管疾病。
- 刺激胃肠蠕动，缓解便秘。
- 益胃生津，清热降心火。

原料： 白菜 150 克，老豆腐 100 克，猪肉 50 克，盐适量。

做法： 白菜洗净，切片；老豆腐切片；猪肉洗净，切薄片。油锅烧热，放入猪肉片炒至变色，再放入白菜片翻炒，最后放入老豆腐片轻轻翻炒至熟透，加盐调味即可。

清心火

此菜偏寒性，不宜多吃，夏天食用较好。

苦瓜炒芹菜

营养与功效

- 可降血压、降血脂、清心火。
- 含有苦瓜苷和苦味素，可健脾开胃。
- 可清热祛暑、清心明目。

原料： 苦瓜 50 克，芹菜 100 克，盐适量。

做法： 苦瓜洗净，去瓤，切条；芹菜摘叶，洗净，切段。油锅烧热，将苦瓜条和芹菜段一同下锅，大火翻炒至熟透，最后加盐调味即可。

虫草鸽子汤

营养与功效

- 止咳化痰，抗癌防老。
- 能调节人体的新陈代谢。
- 降低血清胆固醇含量，保护肝脏。

原料：乳鸽1只，冬虫夏草2克，党参5克，红枣、盐各适量。

做法：乳鸽洗净，将乳鸽放入炖锅内，加入适量水，再放入红枣、冬虫夏草、党参，大火煮沸后转小火慢炖，炖熟后加盐调味即可。

薏米鸭肉煲

营养与功效

- 富含不饱和脂肪酸，可降低胆固醇含量。
- 健脾消肿，减少腹部脂肪堆积。
- 薏米为白色食物，适当食用对肺脏有益。

原料：鸭肉100克，薏米30克，大葱、生姜、盐各适量。

做法：鸭肉洗净，切小块；大葱洗净，切段；生姜洗净，去皮，切片。油锅烧热，加鸭肉块翻炒至变色。将葱段、生姜片、薏米、炒好的鸭肉块放入高压锅内，加入适量水，炖至熟透，加盐调味即可。

莲心茶

营养与功效

- 可清心火、止汗、养神。
- 有强心作用。
- 可辅助治疗心烦、心衰、口渴。
- 可降压去脂、消暑除烦、生津止渴。

原料： 莲心2克，开水适量。

做法： 莲心洗净，放入杯中，倒入开水稍泡一下，倒掉水，再倒入开水冲泡即可。

冬瓜绿豆汤

营养与功效

- 可清热消暑、祛瘀解毒、降脂降压。
- 可利水消肿、排心毒。
- 含有丙醇二酸，能抑制糖类转化为脂肪，有助减肥。

原料： 冬瓜200克，绿豆100克，姜末、葱末、盐各适量。

做法： 冬瓜去皮去瓤，洗净，切块；绿豆提前浸泡12小时，洗净。锅中放入适量水，放入葱末、姜末、绿豆，大火煮开，转中火煮至绿豆变软，放入冬瓜块，煮至冬瓜块软而不烂，加盐调味即可。

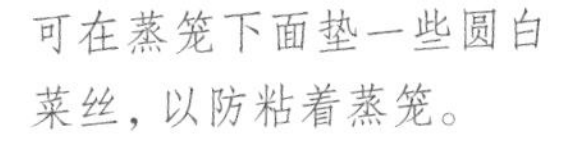

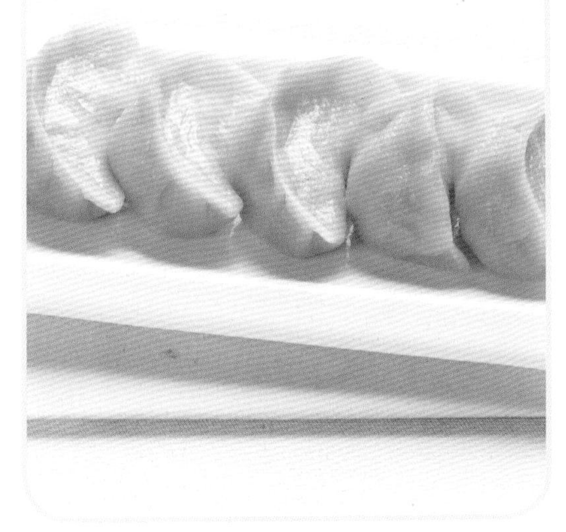

洋葱牛肉蒸饺

营养与功效

- 可开胃健胃、强筋骨。
- 洋葱中的槲皮素，可维护心血管健康。
- 富含蛋白质，可增强免疫力。

原料： 洋葱100克，牛肉馅200克，饺子皮、盐、酱油、香油、料酒、姜末、五香粉各适量。

做法： 洋葱去皮洗净，剁成碎丁。将洋葱丁、姜末与牛肉馅一起搅拌均匀，再加入盐、酱油、香油、料酒、五香粉调味。将拌好的馅包入饺子皮中，捏成饺子，上笼蒸熟即可。

抗衰老

番茄炒蛋

营养与功效

- 番茄中的维生素C和维生素P可抗衰老、保护血管。
- 能祛斑、抗衰老、润泽皮肤。

原料： 番茄200克，鸡蛋2个，盐、白糖各适量。

做法： 番茄洗净，去皮，切块；鸡蛋打入碗中打散。油锅烧热，倒入鸡蛋液，翻炒至蛋液凝固成块后盛出。锅内再次放入少量油，倒入番茄块煸炒至变软，再倒入鸡蛋，加白糖、盐调味后即可出锅。

忌 午时剧烈运动　适量 食用枸杞子　宜 午睡

枸杞子大米粥

原料：大米50克，枸杞子、白糖各适量。

做法：大米淘洗干净；枸杞子洗净。将大米放入锅内，加水，大火煮沸后转小火煮熟，加入枸杞子和白糖，略煮片刻即可。

营养与功效

- 能安神补虚、排心毒、补气血。
- 可保肝护肝。
- 可滋阴、护眼、增强免疫力。
- 对更年期女性和情绪急躁的人有益。

滋阴补虚

坚持长期食用此粥，方能起到较佳的食疗效果。

焯豌豆苗时可放点油和盐，有助于减少营养流失。

炝拌豌豆苗

营养与功效

- 能降低体内脂肪含量，降低心脏病的发病率。
- 维生素含量高，能保护眼睛和心脏。
- 可清肠排毒、通便减肥。

原料： 豌豆苗100克，醋、花椒粒、干辣椒碎、葱末、蒜末、盐各适量。

做法： 豌豆苗洗净，用开水焯烫，捞出。油锅烧热，放入葱末、花椒粒、干辣椒碎爆香，加水调成料汁。将豌豆苗放入碗中，加入爆香的料汁，再放盐、醋、蒜末拌匀，盛盘即可。

加排骨同煮，还可滋补身体。

冬瓜荷叶薏米汤

营养与功效

- 可利水消肿、瘦身美容。
- 可消暑清热、祛湿健脾。
- 除湿气，利小便。

原料： 鲜荷叶半张，冬瓜200克，薏米30克，盐适量。

做法： 鲜荷叶洗净，撕块；薏米淘洗干净；冬瓜去皮、瓤，洗净，切成菱形薄片。将薏米、荷叶块、冬瓜片一同放入锅内，加适量水煮沸后，再转小火炖半小时左右，加盐调味即可。

桂圆红枣炖鹌鹑蛋

营养与功效

· 可益气生津、安神美容。
· 能够滋润身体、补养气血。
· 可以益心脾、安心神。
· 能止烦、止渴、止泻。

原料： 鹌鹑蛋100克，红枣、桂圆肉、白糖各适量。

做法： 鹌鹑蛋煮熟，去壳；红枣、桂圆肉洗净。将鹌鹑蛋、红枣、桂圆肉放入炖盅，倒入适量温开水，大火煮沸后转小火炖熟，加白糖调味即可。

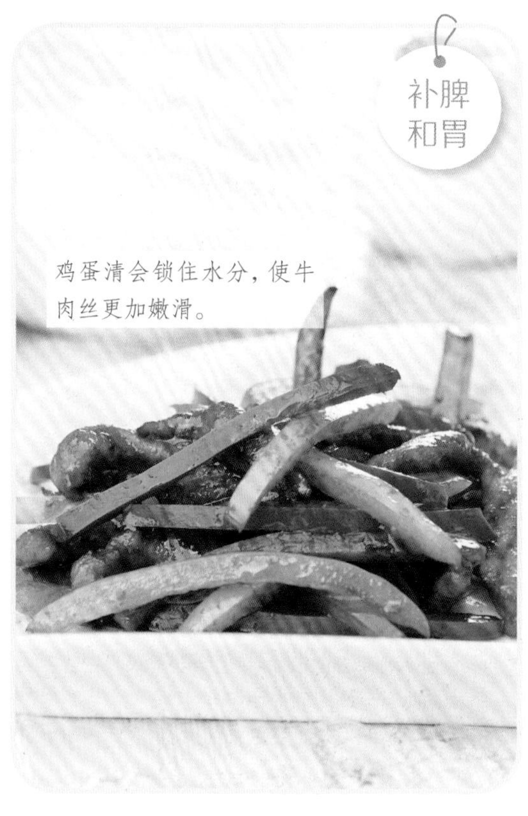

彩椒牛肉丝

营养与功效

· 牛肉能够补脾和胃、益气养血。
· 可增强食欲，降低胆固醇含量。
· 可滋养脾胃、强身健体。

原料： 彩椒丝200克，牛里脊肉100克，鸡蛋、料酒、淀粉、姜丝、酱油、高汤、甜面酱、盐各适量。

做法： 鸡蛋取蛋清；牛里脊肉洗净切丝，加盐、蛋清、料酒腌制；将酱油、高汤、淀粉调成芡汁。油锅烧热放牛肉丝炒散，放入彩椒丝炒至八分熟，放入甜面酱、姜丝炒香，加盐，炒匀即可。

莲子百合粥

营养与功效

- 能够润肺止咳、清心安神。
- 可祛火除燥、滋阴液、养心肺。
- 能滋润肌肤，适合皮肤粗糙者食用。
- 可辅助治疗失眠、精神不安等症状。

原料： 百合、莲子各25克，大米100克，冰糖适量。

做法： 百合掰瓣，洗净；大米淘洗干净；莲子用温水浸泡一会儿。将除冰糖外所有食材放入锅内，加适量水，大火煮开后转小火煮熟，最后加冰糖调味即可。

蜜枣扒山药

营养与功效

- 可补肾养心、健脾胃。
- 可滋阴补阳、补血养颜。
- 促进新陈代谢，提高免疫力。

原料： 山药300克，蜜枣5颗，橄榄油、白糖、桂花糖、水淀粉各适量。

做法： 山药去皮洗净，隔水蒸熟，捣成泥。将白糖、桂花糖、水淀粉与山药泥搅匀，取一个大碗，碗内抹一层橄榄油，再抹一层山药泥，交替进行，倒扣入盘中，在顶部嵌入蜜枣即可。

肉末炒芹菜

营养与功效

· 可清热祛火、降血压。
· 富含膳食纤维，可帮助身体排毒。
· 可滋养脏腑、润泽肌肤。

原料：芹菜200克，猪瘦肉丁150克，盐、酱油、料酒、葱段、姜末各适量。

做法：芹菜择去老叶，洗净，切丁。油锅烧热，放葱段、姜末炒香，再放入肉丁炒散，倒入料酒、酱油翻炒，然后倒入芹菜丁炒至食材全熟，最后加盐调味即可。

银耳雪梨汤

营养与功效

· 具有生津润燥、清热化痰之功效。
· 可强心润肺、滋阴养颜。
· 可辅助治疗支气管炎、支气管扩张、肺结核。

做法：银耳50克，雪梨1个，冰糖适量。

做法：银耳洗净，提前泡发，撕成小块；雪梨削皮切块。把银耳放入锅中，加水，大火煮开后，转小火熬40分钟，再加入雪梨块和冰糖炖煮20分钟即可。

忌 不良饮食习惯　适量 吃甜食　宜 心情愉悦

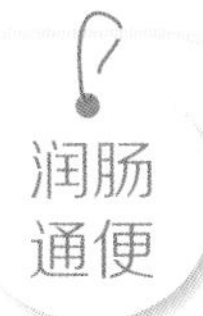

润肠通便

把牛奶换成姜水同煮，为冬季暖身佳品。

花生牛奶红薯汤

营养与功效

· 补气益血，增强免疫功能。

· 能降低胆固醇含量，防止体内毒素沉积。

· 预防动脉粥样硬化，降低心脑血管疾病的发病率。

原料： 红薯 200 克，鲜牛奶 300 克，生姜片、红枣各适量。

做法： 红枣洗净，用水浸泡 30 分钟；红薯洗净，去皮，切块。锅中放入生姜片、红薯块、红枣，加水没过食材 2 厘米。小火煮至红薯变软，关火，盛出煮好的汤，加入鲜牛奶即可。

补气养血

此粥可改善气血虚导致的面色苍白。

银耳樱桃粥

营养与功效

· 促进肠胃蠕动，帮助排毒。

· 富含的胶质可以滋阴养颜。

· 补气养血，防治缺铁性贫血。

· 增强体质，健脑益智。

原料： 银耳 10 克，樱桃 30 克，大米 80 克，桂花糖、冰糖各适量。

做法： 银耳泡发，去蒂洗净，撕成小块；樱桃洗净；大米淘洗干净，浸泡 30 分钟。大米加水煮沸，放入冰糖，转小火熬煮至米熟烂；再放入银耳、樱桃、桂花糖，略煮片刻后搅拌均匀即可。

五脏之中肝属木，养肝应该保持柔和、舒畅的心情，维持其正常的疏泄功能。现代人很难做到这一点，因为生活压力比较大，很多人又忙于应酬，酗酒、熬夜、饮食不规律，这些都会让肝不堪重负。

伤肝坏习惯，你占几个

现代人的生活节奏较快，很多人往往餐不定时、食不均衡、暴饮暴食，导致脾胃虚弱、运化失职，再加上受精神紧张、情绪波动、失眠熬夜等因素的影响，会出现肝郁化火、肝气横逆。这些都很容易造成肝血不足、津液亏虚，其根源仍在于肝失疏泄。

1

用眼过度

人们的生活工作、娱乐消遣，越来越离不开电脑、电视和手机，长期盯着显示屏，受伤的不只是眼睛，还有肝。眼睛若过度疲劳，就会大量消耗肝血。

中医认为，无论是保护视力还是养眼明目，首先得补益肝血。倘若体内肝血不足、津液虚亏，或者肝气升发无力，阴血不能上达于头目，眼睛得不到很好的营养和滋润，就会导致头晕目眩，眼睛昏花、干涩、视物不清等症状出现。

2

饮酒过量

很多人总觉得自己没喝醉就没事，却不知道其实已经伤了肝。肝不仅能解毒，还能促进脾胃的运化、胆汁的分泌、代谢产物的排泄畅通等。酒精进入人体后，对肝细胞的损害极大，它不仅会干扰肝的正常代谢，甚至可引发酒精性肝炎及肝硬化。

中医认为肝经围绕人的生殖器循行而过，大量饮酒会影响生殖功能。所以，为了自己和下一代的身体健康，还是少喝酒为好。

多吃新鲜蔬菜，可以减轻肝脏排毒负担。

3 经常熬夜

中医认为，睡眠是人体恢复阴阳平衡的一个重要调节手段，是生命在运动代谢过程中最好的休息方法。

自然界中，“阴主静，静生阴，阴气盛则寐；阳主动，动升阳，阳气盛则寤”。所以当人休息睡眠时，阴血回归于肝，静卧以滋润肝气，此时人就会阴平阳秘，宁静安详。相反，经常熬夜、缺少睡眠，阴血则散布于外，血不藏肝，肝中的阳气就会躁动不安，从而引发肝火旺、肝阳上亢、肝风内扰等。

4 滥用药物

众所周知，肝脏具有强大的解毒功能，同时肝脏的新陈代谢也是较旺盛的。正是因为肝脏的代谢有解毒、清毒、减毒的功效，食品添加剂、酒精、药物、烟尘等有害物质才不至于严重威胁人们的身体健康。

防病吃保健药，没病吃补药，减肥要吃药，美容还要吃药。然而“是药三分毒”，哪怕是对症药物，也要先通过肝脏进行代谢、解毒，所以不要盲目吃药，一定要遵医嘱。

肝需要排毒的 9 个信号，你知道吗

肝是人体内最重要的排毒器官，当肝“中毒”的时候，一定要引起重视。如果毒素不能顺利从肝脏排出，身体会出现很多症状予以提示。

肝需要排毒的表现

指甲表面不光滑，有一条条竖纹

此现象可能是由于用脑过度、睡眠不足或缺乏维生素 A 引起的，这时要**及时调整作息时间，多吃护肝养肝的食物**

眼睛干涩、刺痛，见风流泪

多吃酸、甘味食物，酸、甘可化阴生津、化津升液、补阴血

在拇指和小指根部的大小鱼际处皮肤出现片状充血，或是红色斑点、斑块

此为肝掌，有可能是得了肝病，需要**去医院做检查来确定**

眼睛肿痛，头晕，头痛

此种表现可能是**肝火内热**导致的，应**吃绿色食物**，可以清热解毒、疏肝强肝，应尽量避免食用辛辣、油炸、肥甘厚腻的食物

女性胸肋刺痛，月经不调

这种表现是由**肝气郁结**引起的，应**多吃酸味食物**，酸味入肝，肝主疏泄

情绪抑郁、低落、暴躁

可按压太冲穴，此穴可助人**疏泄不平、消除怒气、缓和心情**，有人将此穴称之为人体的"消气穴""出气筒"

头晕目眩，潮热盗汗，腰膝酸软，失眠多梦

属于**虚火**，应**以补为主**，滋补肾水、肝血，所用之物以**咸寒、甘寒、酸甘**为宜

头痛，口苦，眼屎增多

属于**实火**，当**以泻为主**，药疗、食疗多以**苦寒或甘寒**之品为主，如夏枯草、野菊花、苦瓜、绿豆等

耳鸣，眩晕

要注意**调节情绪**，平时可多听舒缓的轻音乐、看看喜剧片等，以此来放松心情

排肝毒营养餐

营养与功效

· 具有较好的解毒功能，可减少有毒物质对肝脏的伤害。

· 补肝肾，益精血，润肠燥。

· 可乌发健脑、延缓衰老。

原料： 大米30克，核桃仁、黑芝麻、冰糖各适量。

做法： 大米洗净；核桃仁掰小块。将大米放入锅内，再加入适量水，煮至快熟时加入核桃仁、黑芝麻和冰糖，再煮10分钟即可。

双耳蘑菇

营养与功效

· 含有丰富的硒，可抗衰老、增强免疫力。

· 可降血压、降胆固醇。

· 可美容减肥、防癌抗癌。

原料： 木耳、银耳各100克，鲜蘑菇、青菜、熟笋片各50克，枸杞子、盐、酱油、香油各适量。

做法： 木耳、银耳泡发，去蒂洗净，撕成小块；蘑菇去根洗净后入锅焯水切片；青菜洗净，焯水，切段。锅内放笋片、适量水烧沸，再放入除香油外的其他原料，烧沸，撇去浮沫，淋上香油即可。

番茄柠檬汁

营养与功效

- 含丰富的维生素 C，是天然抗氧化剂，可防衰老。
- 生津止渴，凉血养肝，清热解毒。
- 抑制黑色素，预防色斑，排毒美白。

原料： 番茄 2 个，柠檬 1/2 个，冰块、蜂蜜适量。

做法： 番茄洗净切大块；柠檬洗净切厚片。将番茄块和适量水放入榨汁机中打成汁，倒入杯中；将柠檬汁挤进杯中，搅拌均匀，加入冰块后用蜂蜜调味。

苦荞茶

营养与功效

- 对急性肝炎、慢性肝炎、肝硬化、脂肪肝以及中毒性肝损伤有一定的辅助疗效。
- 可抗氧化，有护肝的效果。
- 可健脾消食、活血化瘀、排毒生肌。

原料： 成品的苦荞茶一小袋。

做法： 将苦荞茶拆开放入杯中，倒入白开水，加盖闷 5 分钟，待香味散发、水温适宜即可饮用。

忌  熬夜　 吃点坚果　宜 按压太冲穴

西芹腰果

营养与功效

· 可降血压、利尿消肿、助肝排毒。

· 富含膳食纤维，促进胃肠蠕动。

· 能平肝清热、祛风利湿。

原料：西芹 200 克，腰果 50 克，彩椒丝、盐各适量。

做法：西芹洗净，切段。锅烧热，放腰果，炒熟盛出。再上油锅，放入西芹段翻炒，加适量盐，待西芹炒熟后，放入腰果翻炒几下，放入彩椒丝点缀即可。

绿豆荞麦粥

营养与功效

· 可杀菌消炎、祛风痛、消积滞。

· 可清热解毒、软化血管、降血糖。

· 能除湿热，适合夏季食用。

· 可清肝明目、保护视力。

原料：荞麦 70 克，绿豆 50 克，大米适量。

做法：绿豆洗净，用水浸泡 12 小时；荞麦洗净，浸泡 3 小时；大米洗净。将荞麦、绿豆、大米放入锅内，大火煮沸后转小火慢慢熬煮至粥熟即成。

陈皮海带粥

营养与功效

· 清除肠道内废物和毒素，有助预防便秘。

· 可健胃平喘、燥湿化痰。

· 可利水消肿、清热安神。

原料： 大米 50 克，海带、陈皮、白糖各适量。

做法： 陈皮洗净，切成碎末；海带洗净，用水浸泡 2~4 小时，切丝；大米淘洗干净。将大米放入锅中，加适量水煮沸；放入陈皮末、海带丝，不停地搅动，用小火煮至粥将熟，加白糖调味即可。

苦瓜焖鸡翅

营养与功效

· 可祛暑降火、清热杀菌。

· 能增进食欲、利尿消毒。

· 可清肝祛湿、解毒止痒。

原料： 苦瓜 1 根，鸡翅 5 个，盐、姜末、香油、红椒丝各适量。

做法： 苦瓜洗净，去瓤，切块；鸡翅洗净。锅中加适量水，煮开后加入鸡翅焖煮至八成熟，加入苦瓜块、姜末、红椒丝焖煮至鸡翅熟透，起锅加盐调味，最后淋上香油即可。

 情绪暴躁  食用甘酸食物  喝蜂蜜

南瓜绿豆汤

原料：南瓜120克，绿豆50克，白糖适量。

做法：南瓜洗净，去皮、瓤，切块；绿豆洗净，提前浸泡12小时。锅中放适量水，先加绿豆煮至半熟，再加南瓜熬煮成汤，最后加白糖调味即可。

营养与功效

· 能清热解毒、保护肝脏。
· 能消暑止渴、利水消肿。
· 能缓解便秘、排出毒素。

猪肝菠菜粥

营养与功效

· 可清肝明目、补血养血。

· 保护肝脏，增加肝脏解毒功效。

· 加快皮肤代谢，减少面部色斑。

原料： 鲜猪肝 20 克，大米 40 克，菠菜 30 克，盐、姜末各适量。

做法： 鲜猪肝洗净，切末；大米淘洗干净；菠菜洗净，切段，用开水焯烫。将大米放入锅中，加水，小火煮至七成熟，再放入猪肝末、菠菜段、盐、姜末，煮至熟透即可。

荸荠鸭肝片

营养与功效

· 可消炎利尿、消食除胀、补血养肝。

· 可清肺、化痰、补肝。

· 改善气色，滋养皮肤。

原料： 鸭肝 120 克，荸荠 200 克，酱油、料酒、姜末、盐各适量。

做法： 鸭肝洗净，切片，加酱油、料酒腌制片刻；荸荠去皮，洗净，切片。油锅烧热，放入姜末煸香，再加入鸭肝片、荸荠片翻炒，加盐炒至食材全熟即可。

忌 憋尿 

喝水 宜 吃海藻类食物

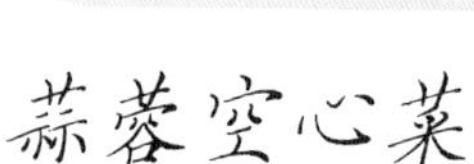

蒜蓉空心菜

营养与功效

· 可清热凉血、利尿除湿。

· 能促进肠胃蠕动，预防便秘。

· 可养阴补虚。

原料： 空心菜 250 克，蒜末、香油、盐各适量。

做法： 空心菜洗净，切段。水烧开，放入空心菜段焯烫片刻，捞出，将蒜末、盐与少量水调匀后，再淋入香油，做成调味汁，淋在空心菜上，搅拌均匀即可。

蚝油生菜

营养与功效

· 可清肝利胆、消炎杀菌。

· 减少脂肪摄入，有助于减肥。

· 能促进睡眠，辅助治疗神经衰弱。

原料： 生菜 200 克，大蒜、蚝油、小葱、盐、酱油各适量。

做法： 生菜洗净，从中间划一刀；大蒜剥皮，洗净切末；小葱洗净，切葱花。油锅烧热，放入生菜略微翻炒，再加入蚝油、盐、酱油、蒜末调味，炒至熟出锅，最后撒上葱花即可。

忌 暴饮暴食　适量 喝点菊花茶　宜 多吃果蔬

香菇油菜

营养与功效

- 可行滞活血、消肿解毒。
- 促进血液循环，增强肝脏的排毒功能。
- 可降“三高”、润肠通便。

原料：香菇6朵，油菜250克，盐、蚝油、生抽、料酒、葱末、姜末、蒜末各适量。

做法：油菜洗净；香菇洗净去蒂，切瓣。油锅烧热，放葱末、姜末、蒜末炒出香味，放入香菇翻炒至快熟时，再加入盐、蚝油、生抽、料酒搅匀，放入油菜一起炒熟即可。

山药枸杞子豆浆

营养与功效

- 可健脾补虚、补肝益肾、益气安神。
- 可降血压、利大便。
- 可润燥消水、清热解毒。

原料：山药120克，黄豆40克，枸杞子适量。

做法：山药去皮，洗净，切块；黄豆洗净，浸泡10~12小时；枸杞子洗净，泡软。将山药块、黄豆放入豆浆机中，加水至上下水位线之间，启动豆浆程序，完成后倒入杯中，撒入枸杞子做点缀即可。

忌 不吃早餐　适量 运动　宜 劳逸结合

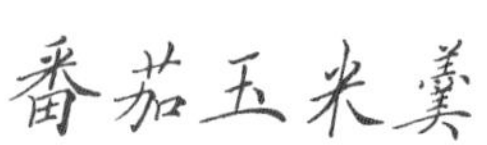

营养与功效

- 可清热止渴、养阴凉血。
- 可抗氧化、延缓衰老。
- 提供丰富的膳食纤维，可促进排毒。
- 可健脾益胃、美白润肺。

原料： 番茄150克，玉米粒100克，香菜、水淀粉各适量。

做法： 番茄去皮，切成丁。锅置火上，加适量水大火烧开，加玉米粒稍微煮几分钟后放入番茄丁；水开后改小火，再放入水淀粉，最后撒点香菜叶点缀即可。

凉拌苦瓜

营养与功效

- 可健脾开胃、促进食欲。
- 可明目解毒、益气解乏。
- 可活血、消炎、减肥。
- 能加速胆固醇在肠道内代谢排出。

原料： 苦瓜200克，香油、盐各适量。

做法： 苦瓜洗净，切片。将苦瓜片放入开水中焯烫，然后放入凉开水中浸泡片刻，捞出，加入适量盐、香油，搅拌均匀即可。

羊肝胡萝卜粥

营养与功效

- 可益血、补肝、明目。
- 滋润皮肤，改善皱纹和色素。
- 适用于气血虚弱导致的贫血、夜盲症。
- 可有效降低血液中重金属汞的含量。

原料：羊肝 30 克，大米 50 克，胡萝卜 20 克，料酒、姜、盐各适量。

做法：羊肝洗净切成薄片，用料酒腌制去腥；胡萝卜洗净，去皮，切丁；大米洗净；姜切末。锅中放水烧开，加入大米、姜末煮 35 分钟后，放入羊肝片、胡萝卜丁，加盐煮 10 分钟即可。

麻酱油麦菜

营养与功效

- 降低胆固醇含量，清燥润肺。
- 改善肝脏功能，清肝利胆。
- 促进消化，增加食欲。
- 清热利尿。

原料：油麦菜 200 克，盐、蒜末、芝麻酱各适量。

做法：油麦菜洗净，放入淡盐水中浸泡 3~5 分钟，洗净，切长段，焯烫，捞出。芝麻酱加凉开水稀释，用筷子沿一个方向搅拌均匀，加盐调味，淋在油麦菜上，再撒上蒜末，搅拌均匀即可。

脾排毒

中医古籍记载："胃中水谷之清气，借脾之运化成血，故曰生化于脾。"就是说，脾是后天之本，是气血的生化之源，脾能把吃进来的食物和水液，经过消化和吸收，化生为身体所需要的营养物质。如果脾有问题，那么身体迟早会吃不消。

伤脾坏习惯，你占几个

如果脾受到损伤，机体的防御能力和免疫力就会下降，所以必须要很好地保护脾脏。而保护脾脏，首先就要与我们生活中的不良习惯做"斗争"，改变一些伤脾的不良习惯，让身体更健康。

1 暴饮暴食

饮食不节、暴饮暴食，会使大量积食留滞在消化道内，不仅令脾胃难以运化，而且阻碍气机的运行，出现脘腹胀满、食欲下降、恶心呕吐等不适症状。中医将这种因饮食过量诱发的病症称为"食积"。

俗语说"要想身体好，每餐七分饱"。饮食有节、食不过饱，一直被历代养生学家奉为真理，在中医界也一直流传着这样一句话："若要小儿安，留得三分饥与寒。"

2 久坐不运动

中医认为，人的保健养生重在平衡，凡事皆不可过度。《黄帝内经·素问·宣明五气》认为："久视伤血，久卧伤气，久坐伤肉，久立伤骨，久行伤筋。"中医将这种长时间累积造成的损伤称为"五劳所伤"，其中与脾关系较为密切的就是"久坐伤肉"。

《黄帝内经·素问·痿论》中明确指出，"脾主身之肌肉"，脾胃作为人体的"气血生化之源"，化生气血以养肌肉，所以只有脾胃健，才能气血旺，肌肉才会强壮有力。

玉米有补中健脾、通便排毒的功效。

3 久服苦寒药

凡是有清热、解毒、凉血功用的药大多是苦寒药，日常生活中常见的牛黄解毒片、牛黄解毒丸、板蓝根等都是苦寒药，必须体内有实火才能服用。而一些身形瘦削，面色偏黄、略显苍白，口唇色淡的患者往往不是火症，不适宜吃苦寒药。

有的人稍有感冒就吃板蓝根，还有的人用牛黄解毒片美容，这些都是滥用药物的行为。副作用就是出现胃口变差、胃痛、恶心、出虚汗、腹泻、腹胀等脾胃虚寒之症，服用久了会使人体的抵抗力变差。

4 经常吃生冷食物

脾胃作为消化器官，是食物的“加工厂”。按照中医理论，食物有寒、热、温、凉之分，摄入过于寒凉的食物对脾胃造成的伤害很大。

中医所讲的食物寒、热、温、凉，这四种特性是食物本身的自然属性，是中医对食物作用于人体后发生反应的归纳与总结。如中医认为螃蟹性寒，可在蒸螃蟹时加紫苏叶同蒸，食用时蘸一些姜汁，调料中加一点芥末，再喝适量黄酒，其目的都是为了驱除食物中的寒气，保护脾胃中的阳气。

脾需要排毒的9个信号，你知道吗

脾胃不好的人主要是消化系统有问题，多数是由饮食不节、思虑过甚引起的。常见的症状因为不明显，所以很容易被忽视，比如腹胀、胃胀、大便溏稀等。但脾胃一旦受损，就需要漫长的时间进行调理。

脾需要排毒的表现

舌苔白，感觉滑腻，还有齿痕

此现象是**湿瘀滞于舌**引起的，要少吃寒凉的食物，以免刺激脾胃，**多吃素食，少吃肉**

全身水肿，以大腿、小腿部分最为严重，按压会出现凹陷，不容易反弹

多吃利水、祛湿健脾的食物，如山药、赤小豆、薏米、白扁豆等，可以有效缓解此症状

胃胀，食量减少，脸色不好

平日**多做运动、按摩**，可加强脾气的运作和功能，**仰卧起坐**就是很好的运动之一

口臭，唇舌苍白，口唇周围长痘痘

缓解方法

吃一些**补脾**的食物，如莲藕、四季豆、豇豆、胡萝卜、土豆、洋葱、平菇等

脸上长斑

从中医的角度看，斑就是瘀血，脸上长斑常和**气滞血瘀**有关，需**日常多运动，保证睡眠**

女性白带增多

多为**脾、肾气虚**引起，可以从**健脾益肾**着手调理，如吃莲子丸、莲荷粥等

脂肪堆积

在中医中，脂肪堆积又叫**痰湿**，治疗原则应以健脾助运、排湿化痰为主

大便溏稀，腹痛，四肢冰冷，小便短少

这种表现为**脾阳虚**，体内湿气过重，可以常吃**性温味甘**的食物，如糯米、黑米、红枣、桂圆、核桃、板栗等

头晕目眩，视力模糊，精神倦怠

多吃**黄色食物**，黄色食物与脾土对应，小米、玉米、黄豆、南瓜等食物都能健脾养胃

排脾毒营养餐

白萝卜酸梅汤

营养与功效

· 可宽中行气、化积消痰、下气生津。

· 可缓解饮食积滞引起的胸闷、腹胀等。

· 可解毒生津、利尿通便。

原料： 鲜白萝卜 250 克，酸梅 10 克，白糖适量。

做法： 萝卜洗净切薄片。萝卜片与酸梅同放入砂锅中，加适量水，先用大火煮沸后改用小火，煎至一碗半汤，用白糖调味即可饮用。

薏米牛奶糊

营养与功效

· 可利水渗湿、清热排脓。

· 富含蛋白质，可以健脾胃，促进排脾毒。

· 可美白淡斑、瘦身减肥。

原料： 薏米、纯牛奶各 100 克，糯米、大米各 30 克，百合 10 克，蜂蜜适量。

做法： 将薏米、糯米、大米洗净，浸泡 2 小时。薏米、糯米、大米、百合先放入锅内，加适量水煮烂，再和牛奶、蜂蜜一起倒入豆浆机中打成糊即可。

猪肚胡萝卜汤

营养与功效

· 可补虚损、健脾胃。

· 可健胃消食、护齿。

· 可明目、清热解毒。

原料： 猪肚1副，鸡腿2只，胡萝卜1根，酸菜20克，盐适量。

做法： 用盐揉搓猪肚，除去黏液，冲洗干净，切条；鸡腿洗净切块；胡萝卜洗净切成花片；酸菜洗净切丝。将猪肚和鸡腿分别用开水汆3分钟，捞出洗净；再放入砂锅中，加水煲2小时，放入胡萝卜片和酸菜丝煮熟，加盐调味即可。

糖醋圆白菜

营养与功效

· 富含维生素，可保护胃黏膜。

· 可解毒消肿、清热利水。

· 开胃解腻，提高食欲。

原料： 圆白菜300克，白糖、醋、生抽、葱花、盐各适量。

做法： 圆白菜撕成小块，洗净后沥水。取一碗，将白糖、醋、生抽和盐兑成料汁。锅内放油烧热，爆香葱花，放入圆白菜大火爆炒至断生，淋入料汁，快速翻匀后起锅装盘即可。

忌 猛吹空调  喝养胃茶  饮食规律

紫菜包饭

营养与功效

- 可补中益气、抗衰老。
- 可润肠通便、防治痔疮。
- 能降血糖、降血脂。

原料：糯米100克，鸡蛋1个，海苔1张，火腿、黄瓜、沙拉酱、米醋各适量。

做法：糯米蒸熟，倒入米醋，搅拌均匀，晾凉；黄瓜洗净，切条，加米醋腌制；火腿切条。油锅烧热，倒入打散的鸡蛋，摊成饼状，切丝。将糯米平铺在海苔上，均匀摆上黄瓜条、火腿条、鸡蛋丝，抹上沙拉酱卷起，切成2厘米的厚片即可。

橙蜜藕

营养与功效

- 可促进消化、增强食欲。
- 可润燥止渴、清心安神。
- 能滋阴养血、补益五脏。

原料：莲藕250克，橙汁、蜂蜜各适量。

做法：莲藕洗净，去皮切薄片。莲藕片在开水中焯熟，晾凉。橙汁和蜂蜜倒入碗中，调匀，淋在莲藕片上，腌至藕片呈淡黄色即可食用。

山药白扁豆糕

营养与功效

- 可健脾利湿、排湿毒。
- 可健脾止泻、和胃调中。
- 可辅助治疗大便溏稀、泄泻不止、面黄肌瘦。

原料： 山药200克，红枣4颗，陈皮、糯米粉、白扁豆各适量。

做法： 山药洗净去皮，切成薄片；红枣洗净去核；陈皮泡软切丝；白扁豆煮至熟烂。将山药碾碎，和糯米粉加水搅拌成糊状，放入碗中，均匀撒上红枣、陈皮丝、白扁豆，大火蒸20分钟，取出待微温后，切块即可。

百合薏米豆浆

营养与功效

- 可利水消肿、清心润肺。
- 可健脾益胃、清热解毒。
- 可淡化斑点、美容养颜。

原料： 黄豆50克，干百合、薏米各10克，白糖适量。

做法： 薏米用水浸泡3小时；黄豆用水浸泡12小时；干百合泡软。将黄豆、干百合和薏米一起放入豆浆机中，加水到上下水位线之间，启动豆浆程序。制作完成后，按个人口味加白糖调味即可。

忌 饭后立即运动  喝些陈皮茶  调节心情

人参莲子粥

原料：人参 10 克，莲子 10 颗，大米 100 克，黑芝麻、冰糖各适量。

做法：用水浸润人参，洗净切成薄片；莲子去心，用水浸泡 3 小时左右；大米淘洗干净。将大米和人参片、莲子一同加水熬煮，待粥熟后，加适量冰糖化开，搅拌均匀，撒入黑芝麻即可。

营养与功效

- 补气健脾，清心安神。
- 能助脾排毒。
- 补虚安神，增强免疫力。

山药香菇鸡

营养与功效

· 可扶正补虚、健脾开胃。

· 可帮助肠胃消化。

· 提高机体免疫力，增强体质。

原料： 山药300克，鸡腿500克，胡萝卜片、香菇、盐、酱油、料酒、葱花、姜末各适量。

做法： 鸡腿洗净切块，用料酒腌制片刻；山药洗净去皮切片；香菇洗净划十字刀。油锅烧热，放入姜末煸炒，再放入鸡块、香菇，加适量水、酱油和盐炖煮。15分钟后，放入山药片和胡萝卜片一起炖煮至熟，最后撒上葱花即可。

欧式土豆泥

营养与功效

· 可和胃健脾、润肠通便。

· 宽肠通便，防治高血压。

· 健脑益智，增强抵抗力。

原料： 土豆2个，牛奶20克，黑胡椒粉、盐各适量。

做法： 土豆去皮，洗净，放入锅中，蒸熟。将蒸熟的土豆捣成泥，加入牛奶、黑胡椒粉、盐拌匀即可。

燕麦南瓜粥

营养与功效

· 可润肺益气、美容养颜、健胃消食。

· 能帮助脾胃排毒，促进消化。

· 可辅助治疗胃胀、食欲不振。

原料： 南瓜 50 克，燕麦片 20 克，大米 100 克。

做法： 南瓜洗净，去子，切丁；大米淘洗干净。将大米、南瓜丁和适量水放入锅内，大火煮沸后转小火煮至八成熟，再放入燕麦片煮 3~5 分钟，即可食用。

红薯花生汤

营养与功效

· 能助脾排毒、润肺生津。

· 能滋润皮肤、补益气血。

· 促进肠道蠕动，通便排毒。

原料： 花生仁 50 克，红薯 1 个，白糖适量。

做法： 红薯洗净，去皮切块；花生仁洗净。将红薯块、花生仁和适量水一同放入锅内，煮至食材全熟，加白糖调味即可。

忌 经常熬夜　适量 吃补益气血的食物　宜 清淡饮食

蛋香玉米羹

营养与功效

· 可调理肠胃、滋补活血。
· 可益肺宁心、润肠通便。
· 能排出体内毒素，延缓衰老。

原料： 玉米粒100克，鸡蛋2个，白糖适量。

做法： 鸡蛋打散。将玉米粒用搅拌机打成玉米蓉，放入锅中，加适量水，大火煮沸，转小火再继续煮20分钟，慢慢淋入蛋液，不停搅拌，大火煮沸后，加白糖调味即可。

黄花菜鸡丝汤

营养与功效

· 可健脾胃、强筋骨。
· 可益气、利尿、补肾。
· 能清热生津，缓解口干舌燥。

原料： 干黄花菜50克，鸡胸肉80克，金针菇100克，香油、淀粉、盐各适量。

做法： 干黄花菜用温水泡2小时，洗净；鸡胸肉洗净切丝，加入淀粉、盐拌匀，腌制片刻；金针菇洗净。锅中放适量水，加入黄花菜和鸡丝，水开后炖煮片刻，再加入金针菇、盐和香油，煮至食材全熟即可。

忌 暴饮暴食　　适量 食用陈皮　　宜 吃易消化的食物

生姜橘皮饮

营养与功效

- 开胃健脾，散寒止咳。
- 改善胃部胀气，调养脾胃。
- 温胃散寒，开胃顺气。

原料： 生姜、橘皮各 10 克，红糖适量。

做法： 生姜切丝（留 1 片做点缀）；橘皮切碎。生姜丝、橘皮加红糖，加适量水熬煮 30 分钟，搅拌均匀；倒入杯中，放生姜片点缀，当作茶饮即可。

油泼白菜丝

营养与功效

- 刺激肠胃蠕动，开胃健脾。
- 清热祛火，养胃生津。
- 降低体内胆固醇含量，增加血管弹性。

原料： 白菜 3~5 片，酱油、醋、葱末、干辣椒碎、花椒粉、盐各适量。

做法： 白菜洗净，去叶留帮，切丝，放入盘中。将酱油、醋、盐调成料汁淋入盘中，撒上葱末、花椒粉、干辣椒碎，泼上少许热油搅拌均匀即可。

葡萄姜蜜茶

营养与功效

- 可降低体内酒精浓度，有助于解酒。
- 助消化，健脾开胃。
- 补益气血，通利小便。

原料： 葡萄 200 克，生姜汁 30 毫升，蜂蜜适量。

做法： 葡萄洗净，去皮，去子，用榨汁机榨成汁，倒入生姜汁和蜂蜜，搅拌均匀即可。

小米南瓜粥

营养与功效

- 可润肺益气、和胃温中。
- 可清热解毒、镇静安神。
- 对脾胃寒虚、中气不足等症有缓解作用。

原料： 小米 100 克，南瓜 50 克，冰糖或蜂蜜适量。

做法： 小米洗净；南瓜去皮、去瓤，切成丁。将小米和南瓜丁放入砂锅中，加水煮约 30 分钟，稍焖片刻，加入冰糖或蜂蜜拌匀即可。

肺排毒

《黄帝内经·素问·阴阳应象大论》中记载:“天气通于肺。”胃纳脾化的精谷之气要经脾脏的“升清”向上送达心肺，经过呼吸作用，与肺吸入的自然之气混合，形成气血，才能被运用以维持新陈代谢。而雾霾天、二手烟，甚至厨房的油烟都有可能使人的肺受到损害。越是这种时候，越要懂得保护自己和家人的健康。

伤肺坏习惯，你占几个

肺是五脏中最娇嫩的，因此被古人形容为“虚如蜂窠”。护肺养肺的原则：一要清洁干净，二要湿润有度，三要寒热适宜。如果肺失清净，浑浊不堪，气无居所，津液丢失，就会导致卫气不足，肌表失养，外邪便可乘虚而入。

1 久卧伤肺

中医认为，气为人身之本，属阳喜动，布散四周，因而在正常情况下，气在体内是一直运行着的。若气的运行减缓或受阻，便为“气滞”，已属于病理状态。而卧为静，静则是动的反面，这与气属阳喜动的生理特性显然是背道而驰的。

自然界中的清气经肺弥散至血液，体内的浊气也通过肺排出体外，这条生命通道以动为主。而久卧少动之人，机体的呼吸功能就会减弱，导致清气摄入少，浊气积聚多，人就很容易出现缺血、缺氧，疾病也随之而来。

2 经常吹空调

人体中肺为“娇脏”，乃清净之地，主气布津，喜润恶燥，所以在自然环境中，最容易伤害肺的病邪就是燥热。中医称“燥气属秋”，可通过皮肤、肌表、口鼻侵犯人体，耗津伤液，从而出现口干舌燥、皮肤或毛发干枯、小便短少、大便秘结等诸多不适。

但在现代生活中，燥热已不仅仅见于秋季，其他季节也有燥气伤肺的情况。这是因为现代人喜欢使用空调，造成室内环境湿度的下降。

银耳可滋阴润肺，能在一定程度上预防呼吸系统疾病。

3

爱吃辛辣食物

现如今，还有一种不良的生活方式也在助长燥热之气，那就是爱吃过于辛辣的食物。可能是现代人工作生活非常紧张、疲惫，急需一种强烈的刺激与宣泄，很多人几乎到了无辣不欢的程度。

中医认为，辛辣入肺，可行气化湿，比较适合居住于潮湿之地的人。居住于干燥地带的人们大量食用辛辣食物，就会严重损耗肺中的津液，若再大量饮酒、大声喧哗，鼻子、口腔、气管中的水液便会迅速流失，造成体内津液不足、肺失所养。

4

饮食油腻，没有节制

中餐的特点之一就是油多，大多数菜肴的烹制都需要放油。很多人忙于工作，饮食无常，还有无数的应酬，导致饮食没有节制。这些不良的生活方式与养肺的原则是完全相反的，还不利于肾脏的排毒。

若肺肃降无力，容易导致肾阴、肾水不足，时间久了会造成肾阴虚、皮肤干燥、目涩目昏、齿松发白等。根基不牢，骨骼不壮，腰膝酸软等症状也就随之出现了，高血压、高血糖、高脂血症等的出现也与此有密切关系。所以治疗这些疾病的时候，配合一些调节肺气的穴位按摩，可以帮助肺气肃降，增强肺功能。

肺需要排毒的 9 个信号，你知道吗

人在一呼一吸之间进行生命的运行，而肺的主要功能就是呼吸。身体出现的很多小毛病都在提示我们肺部受损，应该引起注意。

肺需要排毒的表现

咳嗽，咳痰

肺开窍于鼻，直接与外界相通，此现象多是由**空气污染**造成的，多**呼吸新鲜空气**可减轻咳嗽不止的症状

皮肤干燥，产生皱纹

“肺主皮毛”，皮肤和肺相关，出现这种表现时，可以在临睡前**洗澡**，清除皮肤上的灰尘和有害细菌

头发失去光泽，容易脱落

定期**修剪头发、按摩头皮**，并保证良好的睡眠，饮食上多吃润肺食物

排便不畅，便秘

这种表现可能和肺不和有关，因为肺主升降，能够运送津液至大肠，可吃些**白色食物**，如白萝卜、梨，可润肺生津、缓解便秘

胸闷，气喘

多伴随着便秘。治疗的首要原则是**宣肺理气**，可适当食用桔梗、苦杏仁、牛蒡子、瓜蒌等

声音低怯、嘶哑，气短乏力、面色苍白

这种表现为**肺气虚弱**。中医认为肺主声，应**补肺益气**，可常食白色食物，如冬瓜、梨、百合等

易盗汗、自汗，经常感冒

经常感冒的人应该注意多**进行体育锻炼**，提高自身免疫力

爱哭哭啼啼，伴随咳嗽

经常哭会**损伤肺气**，可适当进补人参、西洋参、党参、太子参、黄芪、白术、山药等

鼻塞，流鼻涕，嗅觉异常

出现这种表现，需要补肺，饮食上宜**多酸少辛**，可经常吃山楂、柠檬、柚子等

排肺毒营养餐

杏仁猪肺汤

营养与功效

· 可宣肺止咳、散寒解表。

· 可缓解肺虚咳嗽、久咳咯血等症。

原料： 猪肺300克，姜、蜂蜜、苦杏仁各适量。

做法： 苦杏仁洗净；姜洗净切片；猪肺用开水汆2分钟，去除血水，捞出洗净，切小块；将猪肺块、苦杏仁和姜片一起放入砂锅中，加入适量水，大火煮沸后转小火煲1小时，加蜂蜜调味即可。

雪梨银耳猪肺汤

营养与功效

· 可补肺止渴、清肺化痰。

· 可滋阴润燥、滋补强身。

· 适用于干咳、燥热伤肺者。

原料： 猪肺300克，雪梨1个，银耳10克，红枣、姜片、料酒、盐各适量。

做法： 猪肺洗净，切小块，用开水汆2分钟捞出；雪梨去皮切块；银耳用温水泡发，洗净撕片；红枣洗净去核。将猪肺、雪梨、银耳、红枣和姜片放入砂锅中，加入适量水和料酒，大火煮沸后转小火煲1小时，加盐调味即可。

金银花排骨汤

营养与功效

- 可生津止渴、开胃消滞。
- 可滋阴润燥、益精补血。
- 能清热解毒、滋补身体。

原料： 排骨500克，金银花10克，料酒、盐各适量。

做法： 排骨洗净，切块，用开水汆5分钟去血水，捞出；金银花洗净，沥干。排骨和金银花放入砂锅中，加入适量水和料酒，大火煮沸后转小火煲40分钟，加盐调味即可。

黄瓜苹果玉米汤

营养与功效

- 可生津止渴、润肺除烦。
- 可健脾益胃、养心益气。
- 可润肠止泻、滋润皮肤。
- 可降压减脂、排毒减肥。

原料： 玉米1根，黄瓜、苹果、盐各适量。

做法： 黄瓜、苹果分别洗净，切成小块；玉米洗净，切段。把黄瓜块、苹果块、玉米段放入锅中，加适量水，大火煮开后转小火煲至玉米熟透，加盐调味即可。

忌 长期忧思  适量 排汗 宜 吃些白萝卜

蒜香茄子

营养与功效

- 清热活血，消肿止痛。
- 可滋阴抗衰老。
- 可补肝益肾、杀菌消毒。
- 降低血液中胆固醇含量。

原料： 茄子 400 克，蒜蓉、酱油、香油、白糖、盐、香菜各适量。

做法： 茄子剖成两瓣，放入盐水中浸泡 5 分钟，捞出。将茄子放入热油中炸软，捞出。锅中留底油，放茄子、酱油、白糖、盐，烧至入味后，淋上香油，撒上香菜、蒜蓉即可。

银耳豆苗

营养与功效

- 可补肾益气、滋阴润肺。
- 可改善口气、大便燥结等问题。
- 可提高肝脏解毒能力。

原料： 豆苗 100 克，银耳 10 克，盐适量。

做法： 银耳用温水泡发；豆苗洗净，放入开水中焯烫，捞出。油锅烧热，放入银耳，加盐，炒熟后装盘，撒上豆苗即可。

生姜红枣粥

营养与功效

- 可温肺化痰、温胃散寒。
- 提高免疫力，预防感冒。
- 可缓解腹胀、腹痛、腹泻、呕吐等症。

原料： 生姜10克，大米100克，红枣5颗。

做法： 大米淘洗干净；生姜切碎；红枣洗净，去核。将所有食材放入锅中，加适量水熬煮成粥即可。

白萝卜粥

营养与功效

- 可宽胸、顺气、健胃。
- 化痰润肺，解毒生津。
- 止咳，利大小便。
- 可缓解小儿积食。

原料： 白萝卜50克，大米100克，葱花适量。

做法： 白萝卜去皮，洗净，切块；大米洗净。将大米与白萝卜块一起放锅中，加入适量水，转小火熬熟，盛出，点缀少许葱花即可。

香菜拌黄豆

原料：香菜20克，黄豆50克，花椒、姜、香油、盐各适量。

做法：黄豆洗净，泡12小时；姜切末。泡好的黄豆加花椒、盐煮熟，晾凉。香菜洗净，切碎，拌入黄豆中，加姜末、香油调味即可。

营养与功效

· 增强免疫力。

· 可降糖、降脂，有利于促进消化。

· 开胃醒脾。

促进消化

黄豆富含膳食纤维，可促使身体中废物的排出。

莲藕橙汁

营养与功效

· 清肠通便，排出毒素。
· 清除自由基，提高免疫力。
· 抗氧化，减缓衰老。

原料： 莲藕100克，橙子1个。

做法： 莲藕洗净，去皮，切成块；橙子去皮，掰瓣。将莲藕块、橙子瓣放入榨汁机中，加适量温开水榨成汁即可。

白萝卜莲藕汁

营养与功效

· 可清热润肺、凉血行瘀。
· 可利尿排毒、净化血液。
· 可养阴生津、益胃止痛。

原料： 白萝卜、莲藕各100克，蜂蜜适量。

做法： 白萝卜、莲藕分别洗净，去皮，切成块，放入榨汁机中，加适量温开水榨成汁，倒入杯中，加蜂蜜搅拌均匀即可。

 肺部受寒  吃点雪梨  多泡脚

罗汉果茶

营养与功效

- 能提神生津，预防呼吸道感染。
- 可清热润肺、滑肠通便。
- 可养阴润嗓、排毒养颜。

原料： 罗汉果1/2个。

做法： 将罗汉果冲洗干净，去掉外壳，掰成小块，放入杯中。倒入开水，加盖闷10分钟后即可饮用。

芦根甘草茶

营养与功效

- 可止咳平喘、清肺化痰。
- 可辅助治疗急性支气管炎。
- 可泻火消炎、缓急止痛。

原料： 芦根10克，甘草5克，绿茶2克。

做法： 芦根、甘草洗净；绿茶用沸水略洗。把芦根、甘草放进砂锅内，加入适量水，大火煮沸，转小火煮10分钟，去除芦根、甘草渣，加入绿茶，稍煮片刻即可。

猪肉萝卜汤

营养与功效

· 可止咳、滋补暖身。
· 可祛风湿、健胃消食。
· 可通气活血、滋补润肺。
· 可辅助治疗小儿伤风感冒。

原料： 猪瘦肉500克，白萝卜250克，葱末、姜片、盐各适量。

做法： 猪瘦肉、白萝卜洗净，切块。油锅烧热，爆香葱末、姜片，放入猪肉块煸炒至变色，加适量水和盐，大火烧开后，转小火将肉块炖至八成熟，再放入白萝卜块，炖至熟烂即可。

荠菜粥

营养与功效

· 可宣肺祛痰、温中利气。
· 可提神醒脑、解除疲劳。
· 可明目利膈、宽肠通便。

原料： 荠菜50克，大米100克，盐、香油各适量。

做法： 荠菜洗净，切末；大米淘洗干净。将大米放入锅内，加水煮至粥黏稠，再倒入荠菜略煮，最后放入盐，淋入香油，搅匀即可。

忌 长时间处于燥热环境中　适量 运动　宜 按时睡觉

猪血菠菜汤

营养与功效

- 可清肺补血、明目润燥。
- 可润肠通便、缓解便秘。
- 提高免疫力，促进新陈代谢。

原料： 菠菜3棵，猪血100克，盐、香油各适量。

做法： 菠菜洗净，切段；猪血洗净，切块。锅内放适量水，大火煮开，将猪血块放入锅中，煮至水再次滚沸后加入菠菜段、盐，煮至菠菜段、猪血块熟透即可。

橄榄萝卜茶

营养与功效

- 可清肺利咽、润燥化痰。
- 促进胃肠蠕动，帮助消化。
- 适用于肺热咳嗽痰多者。

原料： 鲜橄榄30克，白萝卜250克。

做法： 将橄榄、白萝卜洗净切碎，水煎取汁，代茶饮用。

葡萄柚子香蕉汁

营养与功效

· 可消除疲劳、淡化细纹。
· 可排毒养颜。
· 可预防呼吸系统疾病。

原料： 葡萄 100 克，柚子 150 克，香蕉 1 根，柠檬汁适量。

做法： 葡萄洗净，去皮，去子；柚子、香蕉去皮，切块。将柚子、葡萄、香蕉放入榨汁机中，加入适量温开水，榨成汁，最后调入柠檬汁即可。

柠檬饭

营养与功效

· 能增进食欲、健脾开胃。
· 可预防感冒、增强体质。
· 富含维生素 C，可美白肌肤。

原料： 大米 200 克，柠檬 1 个。

做法： 柠檬洗净，切成两半，一半切末，一半切成薄片；大米淘洗干净。将大米和柠檬末放入锅中，加适量水焖煮。饭熟后，装碗，再放 2 片柠檬片装饰即可。

五脏之中肾属水，为生命之根。大树再茂盛也要藏住根，藏得住，用的时候才拿得出，所以肾主封藏。人体的先天之精源于父母，后天之精是脾胃等脏器化生水谷精微所得，而这一切都封藏于肾，用于人的生长、发育和生殖。把肾养好，人才能身体强壮、厚积薄发。

伤肾坏习惯，你占几个

中医认为肾为先天之本，健康的肾代表着活力，肾脏损伤了就会出现疾病，加快衰老。如今由于生活压力大和不良生活习惯，肾脏疾病的发病率越来越高并呈持续增长的趋势。在日常生活中，我们要避开一些伤肾的行为，以免对身体造成伤害。

1 长时间不良坐姿

现代医学中脊柱的位置是中医中督脉的主要循行路线，因而中医中有“腰为肾之府”“脊为肾之路”的说法。所以伤在脊柱者，看似病在颈胸腰椎，实际上最终受到伤害的，还是人的肾气。

按照中医理论，人的脊骨均为肾精所化，脊骨的生长、发育、修复，没有一样离得开肾精的滋养。脊骨是肾气向外的自然延伸和扩展，若脊骨为外力、疾病、不良坐姿所伤，其症必然顺势而入，伤及于肾。

2 用脑过度

长期以来，中医将人的神智、思维、意识功能的主要部分归之于心，而现代科学认为，这种功能是归属于大脑的。其实这并不矛盾，中医称“脑为髓海”，髓生于肾，神作为人体生命活动的最高形式，其物质基础就是精和血。精归肾藏，血由心主，由精所化，因而精神是精在前，神在后，先有精，后有神。况且人的心智和神明，还需要心肾相交、水火既济，才能正常运行。

所以，中医认为，用脑过度除了可伤心耗血之外，对肾的伤害也非常大，因为精能化气，气可化神，人若是劳神过度，就会耗精伤肾。

猪腰核桃黑豆汤，肾阴肾阳双补，用于肾虚腰痛。

3

酒后性生活

酒后纵欲，损伤身体在所难免。饮酒后肝、肾空虚，如果此时行房事，力有不及不说，还会使虚者更虚，这是养生的大忌。因此，乘酒纵欲正是中医理论体系中伤肾的重要病因之一。

4

滥用补肾药

生活中我们常常能见到这样的同事，工作一段时间以后就会感觉腰酸背痛，很多人认为这是肾虚导致的，因而就滥用一些补肾的药物。而现在市面上的很多补肾药物是激素类药物，长时间服用这些药物会伤害自己的身体。生活中引起腰酸背痛的原因有很多，要想彻底治疗，需要详细检查，对症治疗。

肾需要排毒的9个信号，你知道吗

肾和月经、性功能、孕育下一代都有千丝万缕的联系，如果肾不好了，这些都会受影响。当身体健康受到影响时，就要引起注意，好好应对了。

肾需要排毒的表现

眼圈发黑，面部水肿

摄入**适量的咸味食物**，增强肾气，**利于排尿消肿**

精神不振，疲劳，乏力

多吃**黑色食物**，可**补肾强身**，如黑豆、黑芝麻、木耳等

月经量少，时间短，颜色暗

及时到医院检查，在**饮食上注意补肾**，兼补气血

未老先衰，头发枯黄，脱发

这种表现与**肾中精气不足和血虚有关**，要多吃补肾的食物，还要注意养肝补血

腰酸，头晕，耳鸣

腰酸可能和肾有关，但不是必然的，若同时出现了这 3 种表现，需要及时就医

小便量明显减少，有泡泡，颜色呈红色或茶色

这些现象说明**肾脏功能异常**，出现后要及时去医院就诊，对症治疗

经常憋尿

轻则引发尿路感染，重则**导致肾功能不全**，要改变自己的生活习惯，一旦有尿意，最好及时排尿

听力下降

中医认为，**耳朵是肾脏的外在表现**，肾脏“有毒”，耳朵也会受到影响，可吃些有助于排肾毒的食物

出现尿频、尿急、尿痛等泌尿系统疾病

可能是尿路感染，**不吃辛辣刺激食物**，多吃水果，多喝水，以利于排尿

排肾毒营养餐

韭菜豆渣饼

营养与功效

· 可降压、降脂、益肾。
· 促进胃肠蠕动，预防肠癌。
· 可益肝健胃、行气理血。

原料： 豆渣 50 克，韭菜 40 克，鸡蛋 1 个，玉米面、盐、香油各适量。

做法： 韭菜洗净切末；鸡蛋打入碗中，搅匀。将豆渣、鸡蛋液、韭菜末掺入玉米面中，混合均匀，再加盐、香油调味，将面团做成一个个小圆饼。油锅烧热，将小圆饼放入锅中煎至两面金黄即可。

菟丝子红糖茶

营养与功效

· 可明目，缓解眼睛干涩疼痛。
· 可补肾，缓解腰痛。
· 可降血脂、降血糖。
· 有益精壮阳及止泻的功能。

原料： 菟丝子 20~30 粒，红糖适量。

做法： 将菟丝子捣碎，和红糖一同放入杯中，倒入开水搅拌均匀，加盖，闷泡 15 分钟后即可饮用。

 憋尿　适量 摄入盐分　宜 按压涌泉穴

黄花菜炒猪腰

营养与功效

· 可补肾益脾、固涩精液。
· 可增强免疫力。
· 能清热利尿、解毒消肿。

原料： 猪腰400克，黄花菜50克，水淀粉、姜丝、葱花、盐、白糖各适量。

做法： 将猪腰处理干净，切花刀；黄花菜泡发洗净。油锅烧热，放入姜丝、葱花煸炒，然后放入猪腰，炒至变色熟透，再放入黄花菜、白糖煸炒至熟，淋入水淀粉勾芡，加盐调味即可。

芥菜干贝汤

营养与功效

· 可解毒消肿、滋阴补肾。
· 可开胃助消化、宽肠通便。
· 可辅助治疗头晕目眩、口渴便干。

原料： 芥菜250克，干贝5个，鸡汤、香油、盐各适量。

做法： 芥菜洗净，切段；干贝用温水浸泡12小时，洗净，加水煮软，取出干贝肉。锅中加鸡汤、芥菜段、干贝肉，煮熟后加香油、盐调味即可。

桑葚粥

营养与功效

- 可补肝滋肾、益血明目。
- 可祛风湿、解酒毒。
- 可辅助治疗肝肾阴虚所致的视力减退、耳鸣、神经衰弱等症。

原料：桑葚 50 克，糯米 100 克，冰糖适量。

做法：桑葚洗净；糯米洗净，浸泡 2 小时。锅置火上，放入糯米和适量水，大火烧沸后改小火熬煮，待粥煮至熟烂时，放入桑葚稍煮片刻，再放入冰糖，搅拌均匀即可。

牡蛎豆腐汤

营养与功效

- 可益智健脑、清热解毒。
- 可滋阴润肤、补钙益肾。
- 降低胆固醇，预防动脉硬化。

原料：牡蛎、豆腐各 100 克，葱、蒜、水淀粉、虾油、盐各适量。

做法：牡蛎肉洗净，切成薄片；豆腐洗净，切丁；葱切丝；蒜切片。油锅烧热，倒入虾油，放入蒜片煸香，加水烧开，再加入豆腐丁、牡蛎肉片、葱丝，用水淀粉勾薄芡，加盐调味即可。

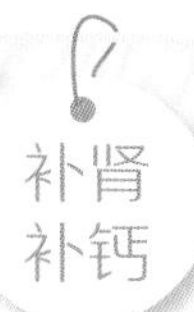

可用猪小排，其肉质更嫩，适合儿童食用。

海带排骨汤

营养与功效

- 可滋阴润燥、补肾壮阳。
- 可补钙、降血压。
- 可缓解皮肤瘙痒。

原料： 海带100克，猪排骨300克，姜片、葱段、葱花、料酒、盐各适量。

做法： 猪排骨洗净，剁成块，在开水中氽烫，去血水；海带洗净，用开水烫一下。砂锅中加入适量水，放入排骨、海带，加料酒、姜片、葱段，大火煮开后改小火炖煮，至猪排骨烂熟时，加盐调味，撒上葱花即可。

海蜇皮不能放入滚水中氽烫，否则会失去脆嫩的口感。

凉拌海蜇皮

营养与功效

- 可防止阴虚肺燥、大便燥结。
- 能排肾毒。
- 清热降火。

原料： 海蜇皮200克，黄瓜50克，醋、白糖、盐、香油、甜椒各适量。

做法： 海蜇皮浸泡8小时，洗净切丝，温水略烫一下，沥干水分；黄瓜、甜椒洗净切丝；醋、白糖、盐、香油调成料汁。将海蜇皮装盘，加入黄瓜丝，浇上料汁，搅拌均匀，最后再撒上少量甜椒丝即可。

 补钙

 多晒太阳

黑芝麻栗子糊

原料：黑芝麻 40 克，熟栗子 120 克。

做法：熟栗子去壳，取肉；黑芝麻放入锅中，小火炒香。将所有食材倒入豆浆机中，加水至上下水位线之间，启动程序，制作完成后撒少许熟黑芝麻点缀即可。

营养与功效

· 可补肝益肾、延缓衰老。

· 利于头发生长。

· 可益智健脑，特别适合老人、孩子食用。

补肾
抗衰老

栗子有“肾之果”的美称，中医认为其可补肾健脾。

豇豆大米粥

营养与功效

· 可补中益气、补肾健脾。

· 可养血补虚。

· 可缓解肾虚所致的尿频。

原料： 豇豆 20 克，大米 50 克，盐适量。

做法： 豇豆洗净；大米洗净。豇豆放入锅中，加适量水煮半小时，再加入大米，煮至豇豆和大米熟烂，加盐调味即可。

西蓝花鹌鹑蛋汤

营养与功效

· 可补肾固精、补益五脏。

· 可补益气血、通经活血。

· 清除体内毒素，预防和改善便秘。

原料： 鹌鹑蛋 2 个，鲜香菇 2 朵，圣女果 2 个，西蓝花、盐各适量。

做法： 西蓝花切小朵洗净，放入沸水中焯烫；鹌鹑蛋煮熟剥皮；鲜香菇去蒂洗净，划十字；圣女果去蒂、洗净。将鲜香菇放入锅中，加适量水大火煮沸，改小火煮 10 分钟后加入鹌鹑蛋、西蓝花，加盐调味，出锅时放入圣女果即可。

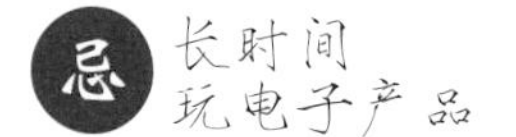

运动

宜 控制体重

乌梅银耳红枣汤

营养与功效

· 可滋阴益气、润肺止咳。

· 可补肺健脾、缩尿止遗。

· 可降血压、保护肝脏。

原料：银耳20克，红枣、乌梅、冰糖各适量。

做法：乌梅、红枣提前泡好，洗净；银耳用温水浸泡2小时，去蒂洗净。锅中倒水，将乌梅、红枣、银耳放入锅中，小火炖1个小时，放冰糖调味即可。

核桃仁紫米粥

营养与功效

· 可补肾固精、补血益气。

· 可润肠通便。

· 能降低血液中胆固醇的含量，预防心脏病。

原料：紫米50克，核桃仁20克，枸杞子10克。

做法：紫米淘洗干净，浸泡30分钟；核桃仁掰碎；枸杞子拣去杂质，洗净。将紫米放入锅中，加适量水，大火煮沸后，转小火继续煮30分钟，再放入核桃仁与枸杞子，继续煮15分钟即可。

山药枸杞子煲苦瓜

营养与功效

· 可健脾补肾、降血糖。

· 清热解毒，促进食欲。

· 能增强体质。

原料： 山药、苦瓜各100克，猪瘦肉30克，枸杞子10克，姜末、盐各适量。

做法： 苦瓜洗净，去瓤，切片；山药去皮，洗净切片；猪瘦肉洗净切丝。油锅烧热，放猪肉丝、姜末翻炒，加水，放入山药片、枸杞子，大火煮沸后改小火煮10分钟；放入苦瓜片煮熟，加盐调味即可。

黄瓜木耳汤

营养与功效

· 能清除体内毒素，促进肠道排毒。

· 可美容减肥、强身健体。

· 可清热除烦、净化血液。

原料： 黄瓜150克，干木耳10克，盐适量。

做法： 黄瓜洗净，切成丁。干木耳泡发，洗净，去蒂，撕小块。油锅烧热，放入木耳和黄瓜丁翻炒，加适量水，小火炖至食材熟，加适量盐调味即可。

大鱼大肉  吃点黑豆 宜 早睡早起

黑豆饭

营养与功效

· 可健脾养胃、美容养颜。
· 可消胀下气、解毒补肾。
· 可排毒减肥、抗衰老。

原料： 黑豆 50 克，大米 100 克。

做法： 黑豆、大米分别洗净；黑豆浸泡 4 小时。将大米和浸泡好的黑豆放入电饭煲中，加适量水，同煮成黑豆饭即可。

山药乌鸡红枣汤

营养与功效

· 可益胃补肾、固肾益精。
· 可益气补血、滋阴清热。
· 可益肺止咳、延缓衰老。

原料： 乌鸡 1 只，山药 250 克，红枣、姜片、料酒、盐各适量。

做法： 乌鸡洗净，去内脏；山药去皮洗净，切片；红枣洗净。将乌鸡放入锅中，加水大火煮沸，撇去浮沫，放入山药片、红枣、料酒和姜片，转小火炖至乌鸡熟烂，加盐调味即可。

鲤鱼冬瓜汤

营养与功效

- 可清热消痰、解毒消肿。
- 可健脾和胃、利水下气。
- 适合肾脏病、高血压、糖尿病患者食用。

原料： 鲤鱼1条，冬瓜250克，大葱、香菜段、盐各适量。

做法： 鲤鱼清理干净，切段；大葱切段；冬瓜去皮、洗净，去瓤、切片。将鲤鱼段、冬瓜片、葱段一同放入锅中，加开水大火烧开，再转小火炖20分钟，加盐调味，撒上香菜段即可。

冬瓜火腿汤

营养与功效

- 可益肾健脾、增进食欲。
- 可清热解暑、护肾利尿。
- 可利水消肿、降脂减肥。

原料： 冬瓜300克，火腿150克，葱段、姜片、料酒、盐各适量。

做法： 冬瓜去皮、洗净，去瓤、切片；火腿切片。油锅烧热，加入葱段、姜片煸炒几下，再倒入适量水和冬瓜片炖煮，放入火腿片，加料酒炖煮至食材全熟，最后加盐调味即可。

第三章

清肠排毒餐

“肠毒”是较为普遍的毒素，生活中很多人都曾经或正在经受着便秘的苦恼，所以清肠排毒成为大家深切的需求，可谓排出“肠毒”，一身轻松。清肠排毒的方法有很多，常吃一些具有排毒功效的食物，可帮助清除体内毒素，有利于身体健康。

清肠排毒推荐食材

饮食喜油腻、三餐不规律、缺乏适当的运动……

这些都会引起便秘，使肠道产生毒素，久而久之，就会影响气色、身材，甚至身体健康。

可以用药物清肠排毒，但大部分药物是有副作用的，

所以最好的方法就是通过食疗和改变生活习惯的方式，在不知不觉中排出肠毒。

山楂

山楂可以消食健胃、行气散瘀，常用于肉食积滞、胃脘胀满、泻痢腹痛。但脾胃虚寒者和胃酸分泌过多者不宜多食。

排毒关键词：增进食欲，调节胃肠功能。

燕麦

排毒关键词：降低胆固醇，有助预防大肠癌。

燕麦富含可溶性膳食纤维，可加快胃肠蠕动，促进排便，还有助于清除胆固醇；其含有的皂苷可调节胃肠功能。

燕麦热量低，可降脂降糖。

山药

山药能够增强胃肠活力，促进消化吸收，同时能缓解腹泻，尤其是慢性腹泻，还能健脾养胃。

排毒关键词：健脾益胃、助消化。

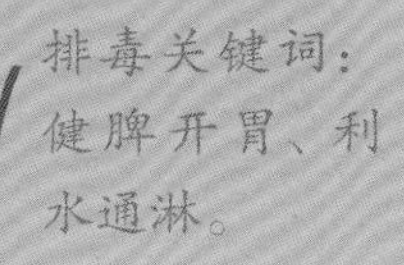

莲藕

莲藕可清热解毒，有生吃、熟吃之分。生莲藕能清热解毒，所含丰富的膳食纤维能促进胃肠蠕动，缓解便秘；熟莲藕降低了其本身的寒性，更适合脾胃虚弱的人食用。

排毒关键词：消食开胃，预防肠胃出血。

玉米

玉米中的膳食纤维、维生素 B_6、烟酸能促进胃肠蠕动，加快宿便排出，对便秘等胃肠不适有一定的缓解作用。

红薯

红薯可以清除体内的自由基，是低脂肪、低热量的食物，其富含膳食纤维，可缓解便秘。

排毒关键词：富含膳食纤维，可润肠通便。

肠道需要排毒的10个信号，你知道吗

中医认为，肠生血，血生精，精养肾，肠胃本源于先天之精，可化湿祛热、排毒生机。肠道垃圾排空了，皮肤气色才会好，人才会感觉轻松舒畅。如果肠道毒素积累过多，身体就会发出一些警示信号。

肠道需要排毒的表现

口苦，口臭，口腔溃疡

注意排出体内热毒，多吃降火的**五谷和蔬菜**，如小米、苦瓜等

体重增加，腰部脂肪堆积，肥胖

适量运动，消水肿，多吃一些具有**饱腹感的食物**，如红薯

面色无光发暗，皮肤干痒，容易过敏

可每天早起**喝一杯温盐水**清洁肠胃

大便干燥，容易便秘

缓解方法

补充肠道益生菌，或者吃一些**富含膳食纤维的食物**，适当运动，促进肠道蠕动

口干喉燥，口唇周围和脸颊附近容易长痘

每天养成**固定时间排便的习惯**，每天都要吃水果，少熬夜，保证作息正常

胃胀气，胃痛，大便不畅，消化不良

食用一些**理气通肠的五谷果蔬**，尽量少吃易产气的食物，如豆类、紫甘蓝等

思维迟缓，失眠多梦，疲倦乏力

多运动，睡前喝杯**牛奶**可安神助眠

小便量少，颜色深黄，并伴随尿频、尿急、尿痛

可能是由于湿毒或食积之毒引起的，**多吃些薏米、海带、冬瓜皮等利尿排湿的食物**

腹泻、肠易激

腹泻后，宜多吃些**容易消化的粥、汤类**，以补充水分

大便恶臭

减少高蛋白和肉类食物的摄入量，**饭后半小时喝杯酸奶**

清肠排毒营养餐

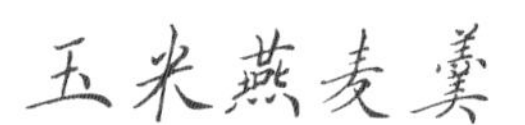

玉米燕麦羹

营养与功效

· 可帮助排出肠道毒素，缓解便秘，减轻体重。
· 可防治便秘、肠炎。
· 降低胆固醇，维护心脏和心脑血管健康。

原料： 鲜玉米粒200克，荸荠6个，燕麦、白糖各适量。

做法： 燕麦用水浸泡30分钟；荸荠去皮切小丁。玉米粒放沸水中煮5分钟后捞出，再将玉米粒放入豆浆机中，加适量水搅打成玉米蓉。将玉米蓉、燕麦放入锅中，加水，用中火熬煮至汤汁黏稠，放入白糖、荸荠丁，搅拌均匀即可。

香蕉酸奶汁

营养与功效

· 能提高胃肠菌群的活跃度，可清热润肠。
· 促进消化，缓解便秘。
· 放松心情，提高人体免疫力。

原料： 香蕉1根，酸奶200毫升。

做法： 香蕉去皮，切成小块。将香蕉块、酸奶放入榨汁机中，加水至上下水位线之间，榨汁即可。

鸭块白菜

营养与功效

- 可滋阴养胃、利水消肿。
- 可清肺解热、润肠排毒。
- 能降低胆固醇水平。

原料： 鸭肉250克，白菜100克，料酒、姜片、盐各适量。

做法： 鸭肉洗净切块；白菜洗净切片。鸭肉块放入锅中，加水烧开撇去浮沫，放入料酒、姜片和盐，小火熬煮至八成熟时，放入白菜段，煮烂后加盐调味即可。

山药苹果鲜奶汁

营养与功效

- 可润肠通便、健脾和胃。
- 富含膳食纤维，可促进排便。
- 可开胃助消化。

原料： 山药粉15克，苹果1个，鲜奶250毫升。

做法： 苹果洗净，去皮切块。将山药粉、苹果块和鲜奶一起放在榨汁机中，加适量水，榨成汁即可。

红薯甜汤

营养与功效

- 能补脾益气、宽肠通便。
- 可润肺健脾、止咳。
- 可清除体内自由基。

原料： 红薯200克，冰糖适量。

做法： 红薯洗净，去皮切成小块，放入水中浸泡10分钟，然后放入锅内，加适量水，开火煮至熟透，加入冰糖略煮片刻即可。

竹笋芹菜肉丝汤

营养与功效

- 能补充蛋白质，均衡营养。
- 能助消化、去积食、防便秘。
- 富含膳食纤维，促进肠道排毒。
- 可增强机体免疫力。

原料： 竹笋、芹菜各100克，牛肉50克，盐、高汤各适量。

做法： 竹笋洗净，切丝，放入沸水中焯烫；芹菜去叶留茎，洗净，切段；牛肉洗净，切丝。油锅烧热，放入牛肉丝翻炒至变色，加入竹笋丝、芹菜段翻炒片刻，加入高汤，小火炖20分钟，加盐调味。

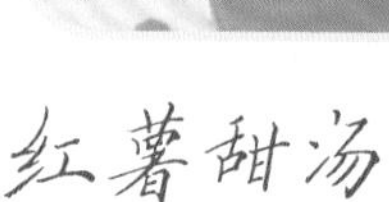

忌 过量吃油腻食品

适量 喝蜂蜜水

宜 每天定时上厕所

荞麦山楂饼

营养与功效

- 可开胃健脾、保护肠胃。
- 可理气舒肝、扶脾止泻。
- 适用于脾虚肝郁型结肠炎患者。

原料：荞麦面500克，山楂200克，陈皮、石榴皮、乌梅、白糖各适量。

做法：陈皮、石榴皮、乌梅放入锅中，加适量水和白糖，煎煮半小时，滤渣留汁晾凉。山楂洗净煮熟，去核碾成泥。荞麦面加陈皮、石榴皮、乌梅熬煮的汁和成面团，并将山楂泥揉入面团中，做成小圆饼，放入油锅煎熟即可。

莴笋瘦肉粥

营养与功效

- 促进消化，帮助肠道排毒。
- 可滋阴润燥、清热解毒。
- 防治便秘，预防色斑。

原料：莴笋、猪瘦肉各30克，大米50克，盐适量。

做法：莴笋洗净切丝；猪瘦肉洗净切末；大米淘洗干净。将莴笋丝、猪肉末和大米放入锅内，加适量水熬煮，煮至米烂粥稠时，加盐调味即可。

 久坐　 吃粗粮　 跑步

番茄炖豆腐

原料： 番茄 300 克，豆腐 100 克，盐、青菜各适量。

做法： 番茄用开水烫一下，去皮、切块；豆腐切成块状。锅内放油烧热，放入番茄块，小火煸炒；放入豆腐块，加入适量水、盐，大火煮沸转小火至收汤，盛出后加青菜点缀即可。

营养与功效

· 富含维生素 C，可缓解口腔溃疡。
· 富含膳食纤维，可润肠通便。
· 能祛斑护肤，提高抵抗力。
· 可补充植物蛋白，帮助骨骼和牙齿生长。

润肠通便

嫩豆腐比老豆腐口感更好。

蒜蓉茼蒿

营养与功效

· 含挥发油，可消食开胃。

· 富含膳食纤维，可促进肠道排毒。

· 有助于降血压。

· 可安心补脑。

原料： 茼蒿200克，蒜末、盐适量。

做法： 茼蒿洗净切段。油锅烧热，放入蒜末煸香，倒入茼蒿炒至变色，出锅前加盐调味即可。

青椒炒蛋

营养与功效

· 含有的辣椒素能促进胃肠蠕动，帮助消化。

· 可改善胀气、积食、食欲不振。

· 可促进血液循环。

原料： 青椒3个，鸡蛋2个，盐适量。

做法： 青椒洗净切丝；鸡蛋打入碗中，打散。油锅烧热，倒入鸡蛋液，炒成块状盛出。油锅中，下青椒丝煸炒片刻，加入炒好的鸡蛋块翻炒，加盐炒熟即可。

食用木耳

按摩腹部

苋菜粥

营养与功效

· 清热利湿，清肝解毒，凉血散瘀。

· 减肥瘦身，缓解便秘。

· 提高免疫力。

原料： 苋菜 30 克，大米 50 克，香油、盐各适量。

做法： 苋菜择洗干净，切碎；大米淘洗干净。将大米放入锅内，加适量水煮至米熟烂，再放入苋菜碎、香油、盐，搅拌均匀，略煮片刻即可。

平菇牡蛎汤

营养与功效

· 补养胃肠，降胃肠火气。

· 可改善口腔溃疡症状。

· 富含的牛磺酸有降“三高”的作用。

原料： 牡蛎肉 50 克，平菇 100 克，紫菜 10 克，盐、料酒、姜末各适量。

做法： 牡蛎肉洗净；紫菜洗净，撕成小块；平菇洗净，撕片。锅中加适量水，加入平菇、紫菜、牡蛎肉、姜末、料酒同炖成汤，最后加盐调味即可。

菠萝番茄汁

营养与功效

- 促进消化液分泌，增进食欲。
- 可减肥、美白、祛斑。
- 可保护血管。

原料： 菠萝150克，番茄100克，柠檬汁、蜂蜜各适量。

做法： 菠萝去皮，用盐水浸泡10分钟，切成小块；番茄去蒂洗净，切成小块。将菠萝块和番茄块一起放入榨汁机中榨成汁，调入柠檬汁和蜂蜜即可。

木耳烩鸭肝

营养与功效

- 富含锌，有利于口腔溃疡创面恢复。
- 可补血养血、润肠排毒。
- 增强人体免疫力，抗氧化，防衰老。

原料： 鸭肝300克，红椒20克，干木耳5克，盐、料酒、葱末、姜末、胡椒粉、水淀粉、香油各适量。

做法： 鸭肝洗净，切片，汆水；木耳泡发，切小朵；红椒洗净，切块。油锅爆香葱、姜末，放入鸭肝片、木耳、红椒块、料酒翻炒，加少量水小火焖5分钟，再放入盐、胡椒粉炒匀，用水淀粉勾芡，淋上香油即可。

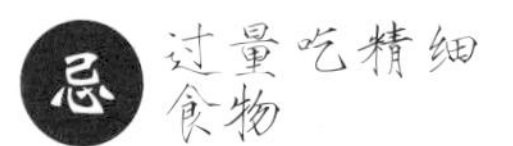

吃小米

饮食结构均衡

木瓜莲子煲鲫鱼

营养与功效

· 能补虚补气、健脾养胃。

· 能消水肿、利小便。

· 能清心润肺、清热解毒。

原料：木瓜、鲫鱼各200克，莲子10克，盐适量。

做法：鲫鱼去内脏洗净；莲子浸泡后去心；木瓜洗净，去皮、子，切块。鲫鱼下油锅煎至两面微黄，加适量水，放入莲子和木瓜，大火烧开后再转小火慢炖至汤成奶白色，加盐调味即可。

小米蒸排骨

营养与功效

· 可健脾养胃、补益肾气。

· 可为人体补充钙质。

原料：猪小排250克，小米100克，姜片、盐、葱花、料酒、生抽、老抽、生粉、白糖各适量。

做法：猪小排剁块，洗净沥干；小米用水浸泡20分钟，洗净沥干。猪小排放入碗中，加入料酒、姜片、生抽、白糖、盐、老抽和生粉拌匀腌制30分钟。在排骨上面放上小米，大火蒸熟后取出扣入圆盘内，撒上葱花即可。

蜜汁南瓜

营养与功效

· 可润肺补血、养胃排毒。
· 可解毒、养颜、嫩肤。
· 可保护胃黏膜，帮助消化。

原料：南瓜 300 克，红枣、白果、枸杞子、白糖各适量。

做法：南瓜去皮，洗净切小块；红枣洗净，切碎；白果、枸杞子洗净。南瓜上笼蒸熟，装盘。锅内加水，加入红枣、白果、枸杞子和白糖熬成蜜汁，最后将蜜汁浇在南瓜块上即可。

五味子绿茶

营养与功效

· 可消炎杀菌，保持口气清新。
· 可护肝明目。
· 滋养五脏。

原料：乌梅、红枣各 3 颗，五味子 5 克，绿茶、枸杞子各适量。

做法：将所有材料放入杯中，倒入开水，加盖闷 3~5 分钟后即可饮用。

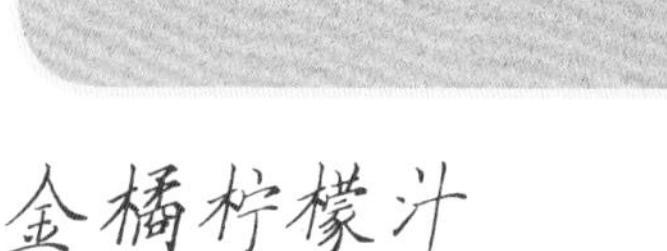

金橘柠檬汁

营养与功效

- 可清除肠道垃圾，增进食欲。
- 含维生素 C，可美白祛斑。
- 含香精油，有助于缓解口气。

原料： 金橘 5 个，柠檬半个，白糖适量。

做法： 将金橘洗净，柠檬洗净，放入榨汁机中加水榨汁，滤去渣滓。再加入白糖搅拌均匀即可。

荷塘小炒

营养与功效

- 可清热祛火，调节脾胃功能。
- 可开胃助消化。
- 含膳食纤维，可缓解便秘。

原料： 莲藕 200 克，胡萝卜半根，木耳 50 克，荷兰豆、蒜片、盐各适量。

做法： 莲藕、胡萝卜去皮，洗净切片；木耳泡发撕成小朵，洗净；荷兰豆洗净。胡萝卜片、莲藕片、木耳、荷兰豆焯水 1 分钟。油锅烧热，放入蒜片炒香，放除盐外所有食材炒熟，加盐翻炒片刻即可。

牛奶洋葱汤

营养与功效

- 可健脾益胃、润肠通便。
- 能补虚损、补钙。
- 缓解胃胀气，美容养颜。

原料： 鲜牛奶300毫升，洋葱1个，盐适量。

做法： 洋葱去皮，洗净，切丝。锅中加适量水，放入洋葱丝，小火熬煮，待洋葱丝软烂后，倒入鲜牛奶，煮沸后加盐调味即可。

凉拌芥兰

营养与功效

- 能加快胃肠蠕动，有助于消化。
- 可消暑解热、解劳乏。
- 能降低胆固醇含量，软化血管，预防心脏病。

原料： 芥兰5棵，陈醋、生抽、白糖、大葱、盐各适量。

做法： 大葱切段；芥兰洗净，切段。将芥兰放入沸水中焯熟，捞出过凉水，沥干装盘。锅中倒油烧热，爆香葱段后，将葱油倒在芥兰上面，再加陈醋、生抽、白糖和盐，搅拌搅匀即可。

 忌 心情郁结  适量 喝些柠檬水  宜 心情愉快

山药白扁豆煲母鸡汤

原料： 山药、白扁豆各30克，母鸡1只，枸杞子、料酒、盐各适量。

做法： 山药去皮，洗净，切块；白扁豆、枸杞子洗净；母鸡洗净，斩块；鸡肉块用开水汆3分钟，捞出洗净。将鸡肉块、白扁豆、枸杞子放入锅中，加水、料酒煮至八成熟，再放入山药煮熟，加盐即可。

营养与功效

- 可清热利湿、利尿消肿。
- 可健脾益胃、补中益气。
- 可滋阴润燥、美容养颜。

利尿消肿

生的白扁豆有毒性，所以一定要煮熟。

凉拌马齿苋

营养与功效

· 能预防痢疾和腹泻。

· 可清热凉血、解毒消痈。

· 可利水祛湿、散血消肿。

原料： 马齿苋200克，香油、生抽、盐各适量。

做法： 马齿苋洗净切段，放入沸水中焯3分钟，捞出，加入生抽、盐拌匀，最后淋入香油即可。

板栗扒白菜

营养与功效

· 能健脾益气、养胃理肠。

· 可清热除烦、解渴利尿。

· 可补肾强筋、止血消肿。

原料： 白菜150克，板栗6颗，高汤、盐、葱花各适量。

做法： 板栗洗净，划一道口，放锅内煮熟后，去壳待用；白菜洗净，切片。油锅烧热，煸炒葱花，放入白菜翻炒，加入高汤和板栗炖煮至熟，出锅前加盐调味即可。

薏米红豆汤

营养与功效

· 可健脾、祛湿、美白。

· 可利尿消肿。

· 可清热解毒。

原料： 薏米、红豆各50克。

做法： 将薏米和红豆洗净，提前一晚泡好。将泡好的薏米和红豆放入锅中，加适量水，大火煮开，转小火煮至豆烂米软即可。

百合花桃花柠檬茶

营养与功效

· 可滋阴润肺、利尿安神。

· 可祛斑美白。

· 可除痘清火。

原料： 百合花3朵，桃花2朵，柠檬片1~2片。

做法： 将百合花、柠檬片和桃花放入杯中，冲入开水，浸泡5分钟即可。

南瓜米糊

营养与功效

· 可健脾暖胃、帮助消化。

· 保护胃黏膜，促进溃疡愈合。

· 降血脂，预防动脉硬化。

原料： 南瓜100克，糯米60克，葡萄干适量。

做法： 糯米淘洗干净，泡2小时；南瓜去皮，洗净、去子，切块；葡萄干洗净，用水泡软。将除葡萄干外的所有材料放入豆浆机中，加水至上下水位线之间，搅打均匀，最后点缀葡萄干即可。

桂圆莲子粥

营养与功效

· 可益脾开胃、润肤美容。

· 可养心安神、养血壮阳。

· 可健脑益智、滋补强身。

· 可辅助治疗失眠、心悸、记忆力衰退。

原料： 桂圆肉、莲子各15克，大米50克，白糖适量。

做法： 莲子去心洗净；大米洗净。将除白糖外所有材料一同放入锅中，加适量水，小火熬煮成粥，加白糖调味即成。

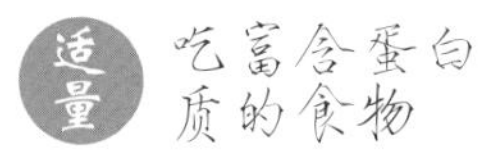

忌 饭后立即运动 适量 吃富含蛋白质的食物 宜 吃苹果

白萝卜蜂蜜水

营养与功效

· 可促进肠胃蠕动，润肠通便。
· 可清热润肺、止咳化痰。
· 可提高人体抵抗力。
· 可辅助治疗咳嗽痰多、慢性支气管炎。

原料： 白萝卜 100 克，蜂蜜适量。

做法： 白萝卜洗净，去皮切丁，加适量水煮熟，晾温后加蜂蜜调味，连汤服食。

核桃黑芝麻花生粥

营养与功效

· 补肝益肾，润肠通便。
· 可消除皮肤炎症，养颜润肤。
· 含有不饱和脂肪酸，有助于提高记忆力。

原料： 核桃仁 50 克，黑芝麻 20 克，花生仁 20 克，大米 200 克，冰糖适量。

做法： 大米淘洗干净；核桃仁、黑芝麻和花生仁一同放入搅拌机中打碎，然后和大米一同放入电饭煲中，加入适量水和冰糖，煲成粥即可。

黑豆豆浆

营养与功效

· 能软化血管、滋润皮肤、延缓衰老。
· 富含膳食纤维，可排毒养颜。
· 可清热解毒、补血养肾。

原料： 黑豆25克，黄豆75克，白糖适量。

做法： 先将黑豆、黄豆提前浸泡12小时，再全部放入豆浆机中，加入适量水，打成豆浆，加白糖调味即可。

胡萝卜拌绿豆芽

营养与功效

· 可清热解毒、利尿除湿。
· 富含膳食纤维，可缓解便秘。
· 降低胆固醇和脂肪。
· 富含胡萝卜素和维生素，有助于修复口腔溃疡。

原料： 绿豆芽250克，胡萝卜1根，香菜、香油、盐各适量。

做法： 绿豆芽洗净；胡萝卜洗净，切丝；香菜洗净，切段。将绿豆芽、胡萝卜丝放入沸水中焯熟，捞出晾凉，放入香油、盐、香菜，搅拌均匀即可。

排毒养颜餐

我们生活的环境中污染日益严重，导致皮肤越来越差，人们越来越重视排毒养颜。只有及时排出体内有害物质，保持五脏清洁，才能保持身体的健康和肌肤的美丽。

排毒养颜推荐食材

随着时间的流逝，女性在 25 岁后，肌肤中胶原蛋白开始流失，35 岁以后逐渐出现衰老状态，多种皮肤问题渐渐显现出来。很多人会选择购买各种昂贵的护肤品来保养皮肤，虽然护肤品能从外部改善肌肤，但真正能改善皮肤状态的还是健康营养的食物和愉悦的心情。

玫瑰花

玫瑰花中含有大量的维生素和单宁酸，可调理女性内分泌，还能促进血液循环，调理气血，预防皱纹产生。

排毒关键词：预防皱纹产生，调经止痛。

排毒关键词：促进新陈代谢。

豌豆

豌豆中含有丰富的维生素 A 原，能在体内转化为维生素 A，对祛除面部黑斑有一定功效。

芋头

芋头有助于预防体内脂肪的沉积，避免因毒素累积引起的肥胖，还可改善消化功能。

芋头当作主食食用，可以控制热量的摄入。

排毒关键词：健脾养胃、润肠排毒。

排毒关键词：缓解便秘，排毒清肠。

杏仁

杏仁所含营养物质能促进皮肤微循环，其所含的脂肪能软化角质层，进而使皮肤红润有光泽。杏仁经炒制后，其中的脂肪、蛋白质结构发生改变，更容易被人体吸收，可抗衰老。

排毒关键词：富含膳食纤维，能促进肠道蠕动。

猕猴桃

猕猴桃含有丰富的膳食纤维和抗氧化物质，可以快速清除体内堆积的毒素，改善皮肤血液循环，令人面色红润。

黄瓜

黄瓜中所含的丙醇二酸可抑制碳水化合物转变为脂肪，具有减肥效果，所含的多种维生素和生物活性酶能促进机体代谢，有利于排出毒素。

排毒关键词：瘦身、利尿、排毒。

肌肤需要排毒的 9 个信号，你知道吗

肌肤能直接反映一个人的身体健康状况。每个人都想拥有健康的皮肤，可被污染的环境、不规律的饮食，以及一些不良的生活习惯让很多人体内积蓄很多毒素，导致肌肤出现各种各样的问题。

肌肤需要排毒的表现

脸色苍白

缓解方法

这种表现可能是**气血循环不畅**、饮食中缺乏叶酸、铁质及维生素 B_{12} 引起的，可通过喝玫瑰花茶，吃毛豆、菠菜、芦笋等来缓解

面部、胸部、背部长痘痘

要**注意清洁消炎**，并保持情绪愉快和作息规律，饮食上**多吃清淡排毒的食物**

脸上痘印一直消不下去

可能**跟色素沉着有关**，多**吃富含维生素 C 的食物**可抑制黑色素合成

水油失衡，脸部干燥瘙痒或油脂分泌旺盛

可随着气候变化更换护肤品，**注重补水保湿**；饮食上**多吃水果蔬菜**，少吃辛辣、刺激性食物

身体赘肉堆积，变肥胖

可吃一些**促进新陈代谢**、**清除体内脂肪的食物**，如糙米、西蓝花、油菜、土豆等

皮肤暗沉、无光泽，肌肤出现细纹、黑眼圈

注意**少熬夜**，**保证睡眠**，养成良好的作息习惯，注重内调大于外养

嘴唇干燥、脱皮

这种表现代表**身体缺乏 B 族维生素**，可通过吃番茄、橘子、香蕉、葡萄、梨、核桃、鱼、蛋、猪肉等食物补充

发质脆弱、枯黄或油腻，伴有脱发、白发现象

是**肝肾不足**、**营养不良**、**精神压力大**的外在表现，可通过**补充富含矿物质**、**胡萝卜素**、**维生素 E 的五谷**、**果蔬**来缓解

脸部、眼周浮肿

可能跟**肾脏功能失调有关**，要**注意低盐饮食**，不要吃过于油腻的食物和甜食，以免加重肾脏负担，还需适当锻炼增强体质

排毒养颜营养餐

莲藕拌黄花菜

营养与功效

- 可清热滋阴、除烦消渴。
- 可补血养颜。
- 可降脂减肥。

原料： 莲藕150克，黄花菜30克，盐、葱花各适量。

做法： 莲藕洗净，去皮切片；黄花菜泡发，洗净。锅内放油烧热，放入黄花菜、莲藕片翻炒，快熟时加盐调味，撒上葱花即可。

香菇炖鸡

营养与功效

- 可缓解便秘。
- 可提高免疫力。
- 可促进消化。

原料： 母鸡1只，干香菇10克，枸杞子、姜片、葱段、料酒、盐各适量。

做法： 干香菇泡发洗净，表面切十字刀；母鸡处理干净，剁成块。鸡块用开水汆烫，捞出后放入锅中，加适量水，放入料酒、盐、葱段、姜片、香菇和枸杞子，炖至鸡块熟烂即可。

拍黄瓜

营养与功效

- 可除湿利水、清热解毒。
- 开胃助消化，促进毒素排出。
- 可杀菌消毒、提振食欲。
- 可美白嫩肤、减肥瘦身。

原料： 黄瓜1根，蒜泥、醋、香油、盐各适量。

做法： 黄瓜洗净后，用刀背将黄瓜拍裂开，不要太碎，顺着裂缝用刀将其切成小块。将黄瓜块放入盆内，放入盐、醋、蒜泥、香油搅拌均匀即可。

鲜柠檬汁

营养与功效

- 可淡化黑斑、雀斑，美白肌肤。
- 富含维生素C。
- 可排肠毒、消脂瘦身。

原料： 鲜柠檬1个，白糖适量。

做法： 鲜柠檬洗净，去皮，单切1片备用，其余切成小块。把切好的柠檬块放入榨汁机中，加入适量水，榨成汁，倒入杯中，依据个人口味放入适量白糖调味，杯口插柠檬片作为装饰即可。

莲子芋头粥

营养与功效

· 富含膳食纤维，可排毒养颜。
· 可补益肝肾、养心安神。
· 富含微量元素，可提高免疫力。

原料： 莲子、芋头各30克，糯米50克，白糖适量。

做法： 糯米洗净；莲子洗净泡软；芋头去皮，洗净，切小块。将三者一起放入锅中，加适量水同煮，粥熟后，加白糖调味即可。

苦瓜煎蛋饼

营养与功效

· 可清心健脾、养血滋肝。
· 可消暑热、降火气、养心安神。
· 可清热解毒、降压降脂。
· 可抗氧化、调节内分泌。

原料： 苦瓜150克，鸡蛋2个，大蒜、盐各适量。

做法： 大蒜剥皮洗净，剁成蒜蓉；苦瓜洗净切末，焯水，捞出沥干。鸡蛋加盐打散，放入苦瓜末和蒜蓉，搅拌均匀。油锅烧热，倒入搅好的蛋液，小火煎至两面金黄，切成小块，装盘即可。

丝瓜炒鸡蛋

营养与功效

· 解毒通便，减少黑色素沉积。
· 可使皮肤变得光滑、细腻。
· 可减少粉刺、痤疮的出现。

原料： 丝瓜2根，鸡蛋2个，白糖、姜末、盐各适量。

做法： 丝瓜洗净，去皮，切滚刀块，入盐水焯一下；鸡蛋加盐打散。油锅烧热，倒入鸡蛋液，炒熟盛出。锅内留少许底油，放姜末爆香，倒入丝瓜块，加盐、白糖翻炒，再放入鸡蛋翻炒片刻即可。

土豆饼

营养与功效

· 可补脾养胃、健脾利湿。
· 可促进消化、增强食欲。
· 能宽肠通便、防止便秘。
· 能降糖降脂、美容养颜。

原料： 土豆2个，面粉100克、奶油、盐各适量。

做法： 土豆洗净，去皮，煮熟后捣成泥，加奶油、面粉、盐和适量水搅拌成糊状，团成小饼，在油锅中煎至两面金黄即可。

 吃宵夜  用护肤品  注意防晒

秋葵炒虾仁

原料： 秋葵 200 克，虾仁、料酒、生抽、蒜末、姜末、盐各适量。

做法： 虾仁洗净，加料酒和生抽腌 30 分钟入味；秋葵洗净焯水，过凉水，去蒂切小段。锅内放油烧热，爆香蒜末、姜末，倒入虾仁翻炒至变色，放秋葵段翻炒至熟，加盐调味即可。

营养与功效

- 能使皮肤细嫩，可美容养颜。
- 可帮助消化、健胃益肠。
- 能增强体力、保护肝脏。
- 有一定的防癌抗癌功效。

美白肌肤

焯烫秋葵时间要短，大约 20 秒即可，注意保留其黏液。

凉拌番茄

营养与功效

- 可生津止渴、健胃润肠。
- 可淡化斑点、美白肌肤。
- 可缓解口腔炎症。
- 可凉血平肝、降血压。

原料： 番茄2个，白糖适量。

做法： 番茄洗净，切块，装盘，撒上白糖即可。

蜂蜜玫瑰豆浆

营养与功效

- 可润肠通便、排毒瘦身。
- 可益气活血、润肤美颜。
- 可排毒去瘀、延缓衰老。
- 可降火润喉、清热消炎。

原料： 黄豆60克，玫瑰花10克，蜂蜜适量。

做法： 黄豆用水浸泡12小时，捞出洗净；玫瑰花洗净，剥开切碎。将黄豆、玫瑰花一同放入豆浆机中，加适量水，启动豆浆机；待豆浆完成，过滤泡沫，晾至温热，加入蜂蜜搅拌均匀即可。

红枣桂圆薏米粥

营养与功效

· 可健脑安神、恢复精力。

· 健脾和胃，利水消肿。

· 能美容养颜。

原料： 红枣5颗，桂圆干20克，薏米40克，冰糖适量。

做法： 红枣洗净；薏米提前浸泡8小时；桂圆干去壳、去核。将上述三种食材一同放入锅中，加适量水，熬煮成粥，加冰糖煮至融化即可。

豌豆炒虾仁

营养与功效

· 通利润肠，解毒消肿。

· 可开胃补肾，补充钙和蛋白质。

· 能提高机体抗病能力，有助防癌抗癌。

原料： 豌豆100克，虾仁150克，盐、蒜末、姜末、料酒、水淀粉各适量。

做法： 豌豆、虾仁洗净；虾仁用盐、料酒腌制5分钟；豌豆焯水沥干。油锅烧热，放虾仁炒片刻，盛出。油锅烧热，爆香姜末、蒜末，放豌豆翻炒片刻，再放虾仁、盐翻炒，用水淀粉勾芡即可。

杏仁豆浆

营养与功效

- 含有的苦杏仁苷可预防心脏疾病。
- 止咳平喘，润肠通便。
- 含有的维生素E等抗氧化物质，有助于预防皱纹生成。

原料：黄豆50克，杏仁10克，松仁5克，冰糖适量。

做法：黄豆提前用水浸泡12小时，捞出洗净；杏仁、松仁洗净。将黄豆、杏仁、松仁放入豆浆机中，加适量水打成豆浆，完成后滤出，加适量冰糖搅拌均匀即可。

玫瑰杏仁绿豆饮

营养与功效

- 可清热解毒、凉血清肺。
- 可软化血管、美白肌肤。
- 适用于缓解肺胃积热型痤疮。

原料：绿豆15克，甜杏仁10克，玫瑰花6克，红枣2颗，白糖适量。

做法：绿豆、红枣、甜杏仁、玫瑰花分别洗净；玫瑰花用纱布包好。将所有食材一同放入锅内，加适量水煎煮30分钟，拣出玫瑰花布包，加白糖调味即可。

 辛辣刺激食物  喝点淡盐水  宜 清淡饮食

双耳炒黄瓜

营养与功效

· 可降糖降脂、补血养颜。
· 富含天然胶质，可清肠和胃。
· 能增强体质，有助防癌抗癌。
· 可降“三高”，抗衰老。

原料： 木耳、银耳各50克，黄瓜1根，盐、姜各适量。

做法： 木耳和银耳放入温水中泡发，洗净后撕成小朵；黄瓜洗净，切片；姜洗净，切末。锅内放油烧热，加姜末爆香，放入木耳和银耳煸炒，再放入黄瓜片翻炒至熟，加盐调味即可。

猕猴桃酸奶

营养与功效

· 可生津解渴、利尿。
· 可抗衰老、美白皮肤。
· 可提高免疫力。
· 清理肠道垃圾，有清肠排毒的功效。

原料： 酸奶300毫升，猕猴桃1个。

做法： 猕猴桃去皮，洗净，切片。将部分猕猴桃片放入榨汁机中榨汁，酸奶中加入猕猴桃汁和余下的猕猴桃片，搅拌均匀，最后在杯子上插一片猕猴桃装饰即可。

苹果猕猴桃汁

营养与功效

· 可润肠通便、美容养颜。
· 提高机体免疫力，预防皮肤过敏。
· 能健脾养胃、消除疲劳。

原料： 苹果1个，猕猴桃1个。

做法： 苹果洗净去核，切小块；猕猴桃去皮，切块。将苹果块、猕猴桃块放入榨汁机中，加适量温开水榨成汁即可。

黄瓜木耳炒肉片

营养与功效

· 可滋阴养血，改善贫血症状。
· 可止咳润燥。
· 可补中益气、美容养颜。

原料： 黄瓜150克，猪瘦肉100克，木耳5克，盐、白胡椒粉、淀粉各适量。

做法： 黄瓜洗净，切片；木耳用温水泡发，去蒂，洗净，撕成小块；猪瘦肉洗净切片，用盐、淀粉腌制片刻。油锅烧热，放入猪肉片翻炒至变色，加入黄瓜片、木耳一起翻炒，加盐、白胡椒粉调味，炒至食材全熟即可。

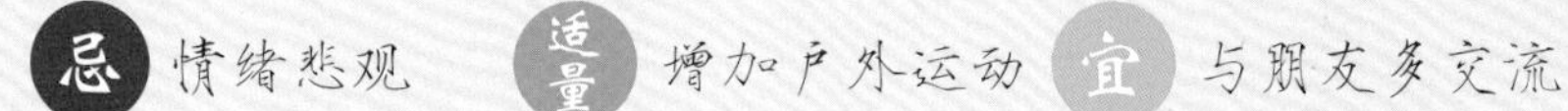

忌 情绪悲观  增加户外运动  与朋友多交流

蜜汁烤鸡翅

原料： 鸡翅6个，白糖、酱油、料酒、五香粉、蜂蜜、盐各适量。

做法： 鸡翅洗净，放入碗中，加白糖、五香粉、酱油、料酒、盐腌制2小时后，在鸡翅两面刷上油和蜂蜜，放在锡纸上。烤箱预热200℃，将鸡翅放入烤箱，10分钟后取出，再刷一次蜂蜜和油，继续放入烤箱中烤至全熟，取出即可。

营养与功效

- 可解毒润燥、润肠通便。
- 可补充大量B族维生素，美容护肤。
- 可促进食欲、增强体质。

美容护肤

腌制鸡翅时，可用牙签在鸡翅上扎一些小孔，会更加入味。

忌 睡前进食　适量 喝点菊花茶　宜 多补水

夏季常吃苋菜有助于预防肠道传染病的发生。

苋菜糙米粥

营养与功效

- 富含膳食纤维，可增加饱腹感，有助于控制体重。
- 可清热解毒、抗菌止痢。
- 可净化血液、增强体质。

原料： 苋菜 20 克，糙米 40 克，盐适量。

做法： 苋菜洗净，切碎；糙米洗净。锅内放入适量水和糙米，煮至米熟后，再加入苋菜和适量盐，用大火煮开即可。

若用的是北豆腐，可焯水去除豆腥味。

鸭血豆腐汤

营养与功效

- 可消除胀满、宽中益气。
- 可利肠通便、补血养血。
- 可排毒养颜、补充营养。

原料： 鸭血、豆腐各 80 克，盐、高汤各适量。

做法： 鸭血洗净，隔水蒸熟后切块；豆腐洗净，切块。锅中放入高汤、鸭血块和豆腐块同煮至熟，加盐调味即可。

排毒瘦身餐

排毒瘦身法是指通过一定的运动和饮食方法排出体内的毒素，从而达到减肥的目的。现在这种减肥方法很受大众的欢迎。营养健康的排毒餐加上有效合理的运动方式是此法成功的不二法门。那么，吃对食物，就显得尤为重要。

排毒瘦身推荐食材

瘦身是现代人热议的话题，尤其是对女性来说。瘦身的方法有很多，其实最健康的方法无外乎“管住嘴，迈开腿”，也就是要多运动，控制饮食。

在饮食方面，要选择吃一些低热量、营养丰富、促进身体排毒的食物。

魔芋

魔芋热量低，富含的膳食纤维可促进新陈代谢，增加饱腹感，有助于促进体内毒素排出，预防疾病。

排毒关键词：降脂降糖、排毒通便。

排毒关键词：清火、养心神。

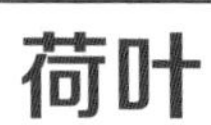

荷叶

荷叶中的生物碱有降血脂的作用，且临床上常用于肥胖症的治疗。荷叶可以帮助消化，开胃消食，排出体内毒素，润肠通便，缓解便秘。

木耳

木耳中所含的卵磷脂可使体内脂肪呈游离状态，有利于脂肪的消耗；所含丰富的膳食纤维和胶质，可清除体内垃圾、毒素和脂肪。

木耳炖汤喝，更能发挥润肠排毒功效。

排毒关键词：富含铁元素，可预防贫血。

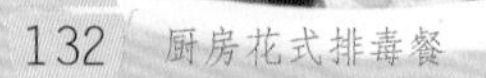

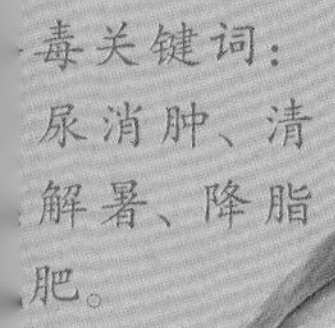

苦瓜

苦瓜中含有的生物碱类物质奎宁，可以消炎退热、清心明目；含有的苦瓜苷和苦味素，能健脾开胃、消脂降糖。

排毒关键词：清热解毒、利尿活血。

冬瓜

冬瓜中的丙醇二酸，能够抑制糖类转化为脂肪，且冬瓜含水分较多，可以利尿排湿。其性凉，有止渴、清热解毒的功效，常食还能美容。

圆白菜

圆白菜对促进造血功能恢复，预防血管硬化和阻止糖类转化为脂肪，以及预防胆固醇沉积等具有良好的功效，并且对心脑血管疾病有预防作用。

排毒关键词：抗氧化、防衰老。

需要排毒瘦身的 9 个信号，你知道吗

如今很多人一边想着节食减肥，一边又控制不住美食的诱惑，经常吃完美食后大呼减肥大业又失败了。当你的身体出现以下信号时，说明你的身体需要排毒，需要减肥了。

身体需要排毒瘦身的表现

腹部脂肪堆积，有赘肉

避免久坐不动，可通过**跑步、仰卧起坐**等运动方式来减肥

嗜睡，懒得动

平时以**清淡而富含蛋白质和维生素的饮食**为宜，生活有规律，按时作息，晚餐不宜过饱

长出双下巴

控制食量，通过适当**按摩来促进下巴血液循环**，以达到瘦下巴的目的

便秘，感觉消化变得缓慢

缓解方法

多吃**富含膳食纤维**等排毒功效的食物，**多喝水**，经常按摩小腹

经常感到口渴，喝多少水都不管用

需要吃一些**富含水分和维生素C的蔬菜水果**

食量大增，而且喜欢吃高热量食物

要**调节饮食结构**，保证营养均衡，注意控制进食量，**少吃高热量食物**

皮肤变差，气色不好

这种表现与体内脂肪堆积影响气血循环有关，要**注意补气血**

特别喜欢吃零食，尤其是甜食，甚至拿零食当正餐吃

可能**和压力大有关系**，但零食大多热量高，且营养价值低，所以**要控制零食的摄入量**，可用水果、酸奶来代替高热量零食

容易感觉疲累，稍微活动下就会气喘吁吁

可能和缺乏运动有关，要**找到适合自己的运动方式**，还要一直坚持下去

排毒瘦身营养餐

鱼丸苋菜汤

营养与功效

· 可养肝补血、护益心脏。
· 可利尿消肿、促进排便。
· 可排毒养颜、降脂减肥。
· 可提高免疫力、增强体质。

原料： 苋菜 100 克，鱼丸 5 个，枸杞子、盐各适量。

做法： 苋菜洗净，切成小段。锅中放适量水，放入苋菜段、鱼丸、枸杞子同煮成汤，加盐调味即可。

冬瓜蜂蜜汁

营养与功效

· 可利水消肿、排毒瘦身。
· 含有的丙醇二酸能抑制糖类转化为脂肪。
· 可清热、消暑、解毒。
· 含热量低，利于减肥。

原料： 冬瓜 200 克，蜂蜜适量。

做法： 冬瓜去皮，洗净，切成小块。将冬瓜块放入锅中，加水煮 3 分钟，捞出，加适量水榨汁，再加入适量蜂蜜，调匀即可。

黑芝麻圆白菜

营养与功效

· 可降火消肿、清热解毒。
· 补益肝肾，增强免疫力。
· 可增加饱腹感。
· 润燥滑肠，清除体内毒素。

原料： 圆白菜 200 克，黑芝麻 10 克，盐适量。

做法： 圆白菜洗净切碎。用小火将黑芝麻不断翻炒，炒出香味时出锅。油锅烧热，放入圆白菜，翻炒几下放盐，继续翻炒至圆白菜变软熟透。出锅盛盘，撒上黑芝麻，拌匀即可。

小米红枣粥

营养与功效

· 可健脾益胃、排出湿毒。
· 可养血安神、滋阴养颜。
· 可补中益气、美白祛斑。

原料： 小米 50 克，红枣 3 颗，蜂蜜适量。

做法： 红枣、小米分别洗净。红枣放入锅中，加适量水，大火煮至水沸腾后再放入小米，转小火煮至小米熟烂，出锅。粥微温后加入蜂蜜拌匀即可。

 乱吃减肥药  摄入优质蛋白质  

冬笋拌豆芽

营养与功效

- 可清理肠胃毒素，防止脂肪堆积。
- 能提高人体抗病毒能力。
- 可润泽肌肤。

原料： 冬笋150克，黄豆芽100克，火腿40克，白糖、香油、盐各适量。

做法： 黄豆芽洗净；火腿切丝；冬笋洗净，切细丝。将黄豆芽、冬笋丝分别焯烫熟，过冷水沥干，和火腿丝一起放入盘内，加盐、白糖、香油，搅拌均匀即可。

京酱西葫芦

营养与功效

- 清热利尿，消肿散结。
- 可增强免疫力。
- 促进胰岛素分泌，有助预防糖尿病。

原料： 西葫芦400克，枸杞子、葱花、白胡椒粉、姜末、盐、甜面酱各适量。

做法： 西葫芦洗净，切片；枸杞子泡软洗净。油锅烧热，加姜末煸炒出香味，加入西葫芦片翻炒，再加甜面酱、白胡椒粉、盐调味，最后撒上枸杞子和葱花即可。

荷叶冬瓜汤

营养与功效

· 可清热解暑、生津止渴。

· 可利水祛湿、缓解水肿。

· 可通便、养颜。

原料： 鲜荷叶1张，冬瓜100克，盐适量。

做法： 鲜荷叶洗净，剪碎；冬瓜洗净连皮切块。将荷叶碎和冬瓜块一同放入锅内，加适量水，大火煮沸后转小火煮20分钟，最后加入盐调味即可。

魔芋豆腐粥

营养与功效

· 富含膳食纤维，可增加饱腹感，促进排便。

· 抑制肠胃对糖类物质的吸收。

· 能排毒解毒，降低胆固醇。

原料： 魔芋50克，豆腐80克，大米100克，盐适量。

做法： 魔芋、豆腐洗净，切块；大米淘洗干净。将大米放入锅内，加适量水，大火煮沸后改小火；加入魔芋块和豆腐块，同煮成粥，加盐调味即可。

 偏食　 按摩面部　 吃苦瓜

鱼片菠菜汤

原料： 鲫鱼 250 克，菠菜 100 克，姜片、盐、料酒各适量。

做法： 鲫鱼处理干净，片成薄鱼片，加盐、料酒腌 10 分钟；菠菜洗净切段，焯一下水。热油锅加姜片爆香，放鱼片稍煎，加适量水，小火焖至鱼肉快熟时加菠菜段继续焖煮片刻，加盐调味即可。

营养与功效

· 可利水消肿、益气健脾。
· 可帮助消化、促进排便。
· 富含微量元素，促进新陈代谢。

利水消肿

菠菜焯水有助于去除草酸。

番茄柚子汁

营养与功效

- 可清热解毒、利尿通便、帮助消化。
- 可降血压、降血脂、降低胆固醇。
- 可提高免疫力。
- 低糖、低热量,适合糖尿病患者饮用。

原料: 番茄1个,柚子3~4瓣,薄荷叶适量。

做法: 番茄去蒂洗净,切成小块;柚子去皮去子,切成小块。将番茄块、柚子块放入榨汁机中,加水榨成汁,最后点缀薄荷叶即可。

菠萝苦瓜汁

营养与功效

- 可利尿凉血、清热解毒。
- 促进新陈代谢,降脂减肥。
- 降血糖,调节内分泌。
- 促进血液循环,促进消化。

原料: 菠萝1/4个,苦瓜半根,蜂蜜、盐各适量。

做法: 菠萝去皮,洗净,切块;苦瓜洗净,去瓤,切块。将菠萝块放入盐水中,浸泡10分钟。将上述食材和适量水放入榨汁机中榨汁,加适量蜂蜜即可。

白萝卜橄榄汁

营养与功效

· 可清热解毒、祛斑养颜。

· 可帮助消化、减肥。

· 可生津止渴、利咽消食。

原料：白萝卜1根，青橄榄5个，梨1个，柠檬汁、蜂蜜各适量。

做法：白萝卜、青橄榄分别洗净，切成小块；梨洗净，去核，切成小块。将上述食材放入榨汁机中，倒入适量水，榨汁，制作完成后，加柠檬汁、蜂蜜调味即可。

素烧三元

营养与功效

· 可帮助消化、防治便秘。

· 可健脾补虚、强身健体。

· 可清热化痰、增加食欲。

原料：莴笋200克，胡萝卜、白萝卜各100克，葱段、姜片、香油、盐各适量。

做法：莴笋、胡萝卜、白萝卜去皮，洗净，用小勺挖成小球，用开水焯透。油锅烧热，放入葱段、姜片，炸至金黄色时捞出，放入莴笋球、胡萝卜球、白萝卜球，小火翻炒片刻，加盐，淋上香油即可。

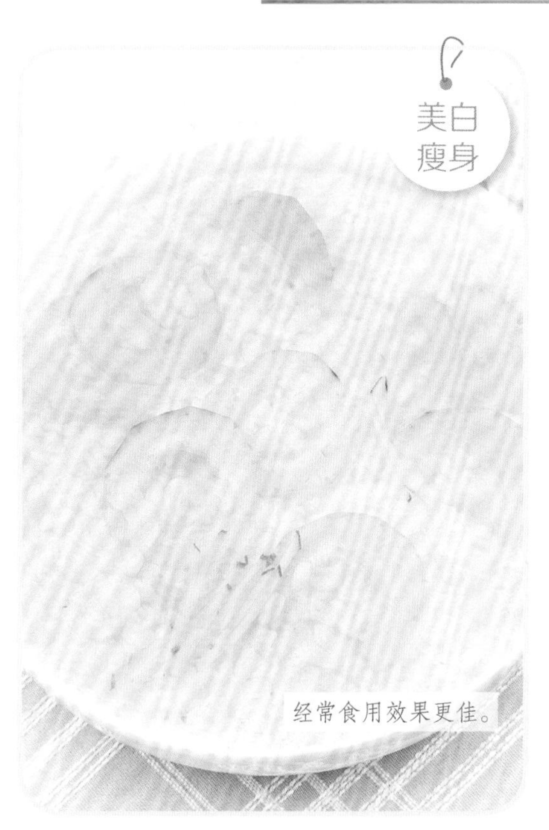

黄瓜姜丝粥

营养与功效

· 可杀菌通便、消炎清热。

· 可润泽肌肤、美白祛斑。

· 可减肥瘦身。

原料： 大米150克，黄瓜60克，生姜、盐各适量。

做法： 黄瓜洗净，去皮切片；大米淘洗干净；生姜洗净，切丝。锅内放入大米、姜丝和适量水，大火煮沸，再转小火慢煮至米熟烂，然后放入黄瓜片煮至粥稠，再放盐调匀即可。

莲藕红豆粥

营养与功效

· 可健脾开胃、清热利尿。

· 可补血养颜、润肤瘦身。

· 富含微量元素，可增强人体免疫力。

· 可缓解更年期女性月经不调、情绪不稳定等。

原料： 红豆50克，大米80克，莲藕、白糖各适量。

做法： 红豆、大米洗净，用水浸泡片刻；莲藕去皮，洗净，切薄片。红豆和大米放入锅中，加适量水，大火煮开后改小火焖煮，待粥浓稠时加入莲藕片，继续焖煮至熟，最后加白糖调味即可。

烤蛤蜊

营养与功效

· 脂肪含量低，有助于控制体重。
· 可降低血清中胆固醇含量。
· 可利尿消肿、软坚散结。

原料： 蛤蜊 500 克，红椒末、酱油、盐、白糖各适量。

做法： 蛤蜊在盐水中养半天，去泥沙洗净；酱油、白糖混合搅匀调成调味汁。将蛤蜊放入烤盘，盖上锡纸，烤箱预热到 200℃后，放进烧烤箱烘烤，烤至蛤蜊微微开口，将调味汁刷在蛤蜊肉上，撒上红椒末，再放入烤箱中，烤至蛤蜊口全开即可。

番石榴芹菜豆浆

营养与功效

· 可清热降火、降压减脂。
· 富含膳食纤维，利于通便。
· 所含热量低，适合减肥人士饮用。

原料： 黄豆 50 克，芹菜 100 克，番石榴半个。

做法： 黄豆提前浸泡 12 小时；番石榴洗净，去子，切小块；芹菜洗净，切段。将番石榴块、芹菜段放入榨汁机中榨成汁；将黄豆放入豆浆机中，倒入番石榴汁、芹菜汁，加适量水，启动豆浆机，打成豆浆即可。

荷叶桂花茶

营养与功效

- 可促进肠道蠕动，排出毒素。
- 利尿消肿，促进消化。
- 可促进新陈代谢，减少脂肪堆积。

原料： 荷叶半张，桂花1小把，绿茶、冰糖各适量。

做法： 将荷叶撕成小片，和桂花、绿茶、冰糖一同放入茶杯中，倒入开水，加盖闷5分钟后即可饮用。

芦荟苹果汁

营养与功效

- 可生津止渴、健脾益胃。
- 可消食顺气、促进排便。
- 可润肺宽胸、减肥瘦身。

原料： 芦荟5克，苹果1个。

做法： 芦荟、苹果分别去皮，切成小块，放入榨汁机中，加入适量水榨成汁即可。

第六章

增强免疫力营养餐

长时间熬夜、不爱运动、暴饮暴食等会导致机体免疫力下降。此外，体内毒素累积，吃进去的营养物质无法吸收，导致体质变差，影响身体健康，也同样会使机体免疫力下降。所以吃一些能排毒、增强机体免疫力的食物，对维持身体健康有重要意义。

增强免疫力推荐食材

免疫力低的人容易生病，吃药便成了“家常便饭”，每次生病都要很长时间才能恢复，而且常常反复发作。长此以往，体质会越来越差，还容易诱发重大疾病。在日常饮食中，可多补充一些含锌、硒和蛋白质的食物来增强免疫力。

鸡蛋

鸡蛋中富含的优质蛋白对肝脏组织损伤有修复功能，蛋黄中的卵磷脂具有乳化、分解油脂的作用，且营养易被人体吸收。

排毒关键词：B族维生素含量丰富，可补充营养。

水煮蛋中的蛋白质比较容易消化，营养全面，维生素损失较少。

海参

排毒关键词：增强体质，提高记忆力，抗疲劳。

海参体内含有海参皂苷，又名海参素，可显著提高人体免疫力，具有抗癌杀菌的作用。

香菇

香菇中的香菇多糖有抑制肿瘤、降血脂的功效，能使人体内的抗癌免疫细胞活力提高，具有很强的抗病毒能力，可有效预防流感。

排毒关键词：降低胆固醇，促进新陈代谢。

排毒关键词：改善缺铁性贫血。

紫菜

紫菜中的多糖可以抗氧化、抗辐射，增强细胞和体液的免疫功能，促进人体淋巴细胞的再生，从而提高机体免疫力。

排毒关键词：提高免疫力。

猪瘦肉

猪瘦肉的蛋白质可补充植物蛋白质中必需氨基酸的不足，满足人体生长发育的需求，其所含的维生素 B_1 能促进人体新陈代谢，排出垃圾和毒素。

茄子

茄子可促进蛋白质、脂质、核酸的合成，提高供氧能力，促进血液循环，有助于预防血栓形成，提高免疫力。

排毒关键词：清热解毒，降低胆固醇，预防胃癌。

免疫力差的10个信号，你知道吗

免疫力是人体自身的防御机制，是指对外部环境中病毒、细菌等的抵抗力，使身体状况保持稳定。而免疫力下降会使身体容易受到病毒、细菌的感染。当身体有以下几种表现时，就要注意身体免疫力可能下降了。

免疫力差的表现

每天**保持30分钟的适度锻炼**，可以提高血氧含量，增加组织供氧，提高细胞活性，**增强免疫力**

1

保持**良好的睡眠习惯，按时作息**。成年人最好保证每天**有8个小时的睡眠时间**

2

伤口容易感染，不易康复

注意平时**多锻炼，不熬夜**，饮食、作息习惯要规律，避免油炸、烧烤食品的摄入，**多饮白开水，少喝饮料**

皮肤发红、瘙痒，打喷嚏，容易过敏

多吃一些**富含维生素的食物**，并且要**多运动**，以增强机体免疫力

鼻子容易发干，总忘记喝水

多喝水，可**保持鼻黏膜湿润**，鼻子是抵挡细菌的重要防线

易肠胃不适，经常胃痛、拉肚子

不可吃得过饱、过杂，**饮食要规律**，营养要全面，**多吃清淡、易消化的食物**

爱吃甜食

控制体内糖分的摄入，多吃富含维生素、蛋白质和矿物质的食物

身体怕冷，早衰

加强体育锻炼，**合理饮食**，促进热量和蛋白质的有效吸收

总觉得紧张、压力大，记忆力下降

注重劳逸结合，适当**放松心情**，**多吃水果**，**多运动**，可缓解压力，增强免疫力

儿童身体、智力发育不良

饮食搭配合理，营养全面，**注意补充钙、铁、锌、维生素和蛋白质**

增强免疫力营养餐

小鸡炖茶树菇

营养与功效

· 能促进排便、预防便秘。
· 可补肾利尿、除湿健脾。
· 可补虚扶正，提高机体免疫力。

原料： 仔鸡1只，茶树菇100克，葱段、姜片、八角、料酒、白糖、盐、高汤各适量。

做法： 仔鸡去内脏，洗净，切块；茶树菇泡好洗净。油锅烧热，加葱段、姜片煸炒片刻，加入鸡块、料酒、高汤，再放入白糖、八角、盐，大火烧开后转小火炖煮，再放茶树菇一同炖煮至熟。

肉蛋羹

营养与功效

· 健脑益智，改善记忆力。
· 可滋阴润燥、补血安神。
· 补锌，可增强机体免疫力。

原料： 猪里脊肉60克，鸡蛋1个，盐、香油、香菜各适量。

做法： 猪里脊肉洗净，剁成泥；鸡蛋磕入碗中，打散；加入和鸡蛋液一样多的凉白开，再加入肉泥和适量盐，朝一个方向搅匀；上锅蒸15分钟，出锅后淋上少许香油，撒上香菜点缀即可。

营养与功效

· 可降血压、降胆固醇。
· 可滋阴补肾、调中下气。
· 可解毒生津、养颜减肥。

原料： 海带 60 克，胡萝卜 100 克，干贝 30 克，大米 100 克，葱花、姜末、盐各适量。

做法： 干贝泡发，沥干，切碎；海带洗净切丝；胡萝卜洗净，切片；大米洗净。将大米放入锅中，加适量水，熬煮至八分熟时，放入海带丝、干贝碎、胡萝卜片和姜末，待粥煮熟时，加盐调味，撒上葱花即可。

香菇黑枣粥

营养与功效

· 可促进人体新陈代谢，强身健体。
· 能改善气虚、血虚、全身乏力等症。
· 能改善头晕目眩、失眠健忘等症。

原料： 香菇 10 朵，黑枣 5 颗，大米 100 克，盐适量。

做法： 香菇洗净，切小块；大米洗净，浸泡 30 分钟。锅中放入大米和适量水，大火烧沸，放入香菇块和黑枣，再次烧沸后转小火熬煮成粥，加盐调味即可。

 过度抗菌  喝点红酒 宜 多运动

红薯小米粥

营养与功效

· 可补益脾胃、温补肾气。
· 可提高造血功能，养心安神。
· 可通便排毒，提高人体免疫力。

原料： 红薯1个，小米60克。

做法： 红薯去皮，洗净，切块；小米洗净，浸泡4小时。锅置火上，放入小米和适量水，大火煮沸后放入红薯块，熬煮成粥即可。

胡萝卜黄瓜洋葱汁

营养与功效

· 可清热解毒、生津止渴。
· 可杀菌消炎，增强抗病能力。
· 可预防和缓解便秘。

原料： 洋葱1个，胡萝卜、黄瓜各1根。

做法： 黄瓜和胡萝卜均洗净，切小块；洋葱去皮，洗净，切小块。将所有食材放入榨汁机中，加水榨汁即可。

香菇炒菜花

营养与功效

· 可促进消化、增强食欲、润肺止咳。
· 可益气健胃、补虚强身。
· 可提高机体免疫力。

原料： 菜花300克，香菇50克，盐适量。

做法： 菜花掰成小朵，洗净；香菇去蒂，洗净，切片。油锅烧热，放入香菇片炒出香味，再加入菜花继续翻炒，炒至菜花熟时，加盐调味即可。

奶酪紫薯塔

营养与功效

· 能促进肠胃蠕动。
· 可补充钙质，增强机体免疫力。
· 可阻止糖类转化为脂肪，有利于减肥。

原料： 紫薯300克，鸡蛋1个，葡萄干、杏仁、奶酪、奶油、牛奶、面粉、白糖各适量。

做法： 紫薯洗净，蒸熟后去皮捣成泥；鸡蛋打散。白糖、奶油、奶酪混合搅匀，加入鸡蛋液和面粉搅匀，将面糊倒入紫薯泥中搅匀，放入大碗中上锅蒸熟。将蒸好的紫薯泥倒扣在盘子中，倒上牛奶，撒上葡萄干、杏仁即可。

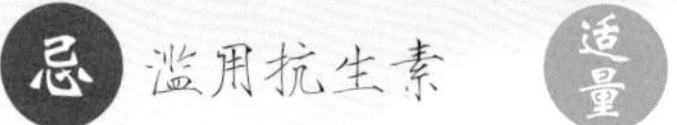

多进行户外活动

茄子饼

原料：茄子 400 克，红椒、青椒各 50 克，面粉 100 克，蒜、盐各适量。

做法：茄子洗净，切细丝，青椒、红椒洗净，切丁；蒜剥皮，洗净，剁成蒜蓉。将面粉和茄子丝、红椒丁、青椒丁混合，加适量水、蒜蓉、盐搅匀。油锅烧热，倒入面糊，摊成圆形，煎至两面金黄即可。

营养与功效

· 可补充维生素 C 和维生素 E。

· 可降脂、降压、增强免疫力。

· 有助于预防心脏病和脑卒中。

降脂降压

茄子可直接切片，裹上鸡蛋、面粉煎熟，更加简单方便。

胡萝卜燕麦粥

营养与功效

- 润肠排毒，增强免疫力。
- 开胃助消化，促进发育。
- 保护视力，增强抵抗力。

原料： 胡萝卜2根，燕麦仁100克，冰糖适量。

做法： 胡萝卜去皮，洗净，切成丁；燕麦仁洗净，浸泡30分钟。锅置火上，放入燕麦仁和适量水，大火煮沸后转小火，放入胡萝卜丁同煮，待粥煮熟时，加入冰糖调味即可。

小米海参粥

营养与功效

- 可滋阴补血、补气益精。
- 可促进机体细胞再生和修复。
- 可增强免疫力。

原料： 干海参40克，小米80克，枸杞子、盐各适量。

做法： 干海参泡发，去内脏，洗净，切小段；小米洗净。锅置火上，放入小米和适量水，大火煮沸后转小火，待粥快熟时，放入海参段和枸杞子，小火煮至海参段熟，加盐调味即可。

蛋花豌豆粥

营养与功效

- 可补中益气、利水消肿。
- 可提高机体免疫力。
- 通利大便，减肥瘦身。

原料： 豌豆30克，大米100克，鸡蛋1个，盐适量。

做法： 豌豆、大米洗净，分别浸泡30分钟；鸡蛋打散成蛋液。将大米和适量水放入砂锅内，小火熬煮至八成熟时，放入豌豆继续熬煮，待豌豆熟时，将蛋液倒入锅内煮沸，加盐调味即可。

肉末炒豇豆

营养与功效

- 可健脾补肾、降糖、促消化。
- 补充蛋白质，强身健体。
- 可解渴止泄、益气生津。

原料： 猪肉末100克，豇豆300克，姜末、蒜蓉、料酒、酱油、白糖、盐各适量。

做法： 猪肉末中加料酒、酱油、白糖、盐搅匀；豇豆洗净切段，焯水后捞出。油锅烧热，倒入猪肉末翻炒至变色，再加姜末、蒜蓉和豇豆段一起炒熟，加盐调味即可。

松花蛋拌豆腐

营养与功效

· 可醒酒、降火。
· 可促进新陈代谢，增强人体免疫力。
· 可清热、益气解毒。

原料：嫩豆腐150克，松花蛋2个，姜末、醋、香油、盐、干辣椒、葱花各适量。

做法：松花蛋去壳切丁；嫩豆腐用盐开水烫一下，切片；干辣椒洗净，切碎。先将松花蛋、干辣椒与姜末混合，加醋、香油和盐拌匀，再一起倒在嫩豆腐上，撒上葱花即可。

鸡蛋时蔬沙拉

营养与功效

· 可补充人体所需的蛋白质和维生素。
· 可均衡营养，增强免疫力。
· 可促进肠胃蠕动，清肠排毒。

原料：鸡蛋2个，番茄、洋葱、苹果、生菜、沙拉酱各适量。

做法：鸡蛋煮熟后，过冷水去壳，对半切开，放入碗中；番茄、洋葱、苹果洗净后切片；生菜洗净，撕成小片。把鸡蛋和蔬菜、水果一起放入碗中，加沙拉酱拌匀即可。

菠菜香蕉奶

营养与功效

· 能缓解头部的昏沉及疼痛。

· 能增强人体免疫力，延缓衰老。

· 可促进排便，美容养颜。

原料： 菠菜50克，香蕉1根，牛奶200毫升。

做法： 菠菜去根，洗净，切碎；香蕉剥皮，切段。将菠菜、香蕉和牛奶一起放入榨汁机中榨成汁，完成后倒出即可。

宫保鱿鱼

营养与功效

· 可健胃消食，缓解肠胃胀气。

· 可滋阴养血、缓解疲劳、排毒、抗辐射。

· 可改善肝脏功能，增强人体免疫力。

原料： 鱿鱼500克，油炸花生仁50克，葱段、料酒、酱油、白糖、干辣椒、醋、香油各适量。

做法： 鱿鱼洗净后切交叉花纹，再切块。将鱿鱼汆烫至卷起后，取出沥干；油锅烧热，放入干辣椒、葱段爆香，放入鱿鱼，加料酒、白糖、醋、酱油、香油，翻炒至熟，再放入花生仁炒匀即可。

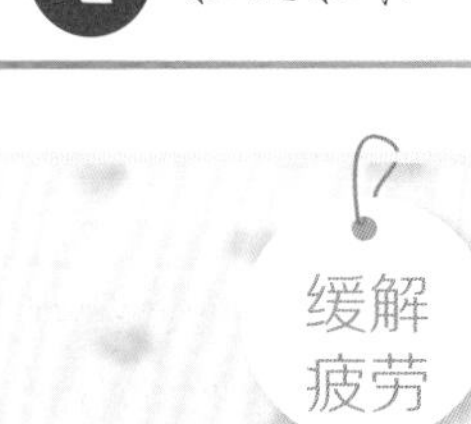

鸡蛋紫菜饼

营养与功效

· 可增强记忆力，缓解压力。
· 可保护视力，缓解疲劳。
· 可预防缺铁性贫血，使肌肤红润。

原料： 紫菜20克，鸡蛋1个，面粉100克，盐适量。

做法： 鸡蛋磕入碗中，打散；紫菜洗净，撕碎，用水浸泡片刻。鸡蛋液中加入面粉、紫菜、盐一起搅成糊状。油锅烧热，将面糊倒入锅中，煎至面饼熟即可。

紫菜瘦肉粥

营养与功效

· 滋阴润燥，润肠防便秘。
· 促进生长发育，提高机体免疫力。
· 软坚散结，缓解水肿。
· 增强记忆力，补血活血。

原料： 紫菜15克，大米100克，猪瘦肉50克，盐适量。

做法： 紫菜洗净，撕成小块；猪瘦肉洗净，切块；大米洗净，用水浸泡片刻。将大米放入锅中，加适量水，大火煮沸后，放入紫菜和猪瘦肉块，改小火炖煮，粥稠肉烂时加盐调味即可。

图书在版编目（CIP）数据

厨房花式排毒餐 / 熊苗主编 . -- 南京 : 江苏凤凰科学技术出版社，2019.9

（汉竹・健康爱家系列）

ISBN 978-7-5713-0403-4

Ⅰ . ①厨… Ⅱ . ①熊… Ⅲ . ①毒物—排泄—食谱 Ⅳ . ① TS972.161

中国版本图书馆 CIP 数据核字（2019）第 104547 号

中国健康生活图书实力品牌

厨房花式排毒餐

主　　编　熊　苗
编　　著　汉　竹
责任编辑　刘玉锋　黄翠香
特邀编辑　张　瑜　仇　双　蒋静丽　张　冉
责任校对　郝慧华
责任监制　曹叶平　刘文洋

出版发行　江苏凤凰科学技术出版社
出版社地址　南京市湖南路1号A楼，邮编：210009
出版社网址　http://www.pspress.cn
印　　刷　合肥精艺印刷有限公司

开　　本　720 mm × 1 000 mm　1/16
印　　张　11
字　　数　200 000
版　　次　2019年9月第1版
印　　次　2019年9月第1次印刷

标准书号　ISBN 978-7-5713-0403-4
定　　价　39.80元（附赠《24小时排毒时刻表》小册子）

图书如有印装质量问题，可向我社出版科调换。